电磁频谱战科普系列丛书

电子战飞机
在天空飞翔，在电磁空间战斗

朱松 著

国防工业出版社

·北京·

内 容 简 介

电子战飞机是电子战装备体系的关键组成，是军队电子战能力的集中展现，也是一国军事实力的重要标志。电子战飞机在电磁频谱作战中发挥着侦察、干扰、反辐射攻击等重要作用，是夺取现代战争胜利的利器。

本书通过三十二篇主题文章介绍了世界上一些主要的电子战飞机，其中既有通俗易懂的电子战科普知识、也有引人入胜的作战战例，还有生动有趣的轶事秘闻。本书资料翔实、文字生动，科学性与趣味性相结合，是了解电子战飞机不可多得的科普读物，适合广大军事爱好者和对电子战感兴趣的读者阅读。

图书在版编目（CIP）数据

电子战飞机：在天空飞翔，在电磁空间战斗 / 朱松著 . —北京：国防工业出版社，2023.7
（电磁频谱战科普系列丛书）
ISBN 978-7-118-13030-0

Ⅰ.①电⋯ Ⅱ.①朱⋯ Ⅲ.①电子干扰飞机 Ⅳ.① V271.4

中国国家版本馆 CIP 数据核字（2023）第 113205 号

※

国防工业出版社出版发行
（北京市海淀区紫竹院南路 23 号　邮政编码 100048）
雅迪云印（天津）科技有限公司印刷
新华书店经售

*

开本 710×1000　1/16　印张 16½　字数 213 千字
2023 年 7 月第 1 版第 1 次印刷　印数 1—5000 册　定价 80.00 元

（本书如有印装错误，我社负责调换）

国防书店：(010)88540777　　书店传真：(010)88540776
发行业务：(010)88540717　　发行传真：(010)88540762

编审委员会

主　　　任　王沙飞

常务副主任　杨　健　欧阳黎明

顾　　　问　包为民　吕跃广　杨小牛　樊邦奎　孙　聪
　　　　　　刘永坚　范国滨　苏东林　罗先刚

委　　　员　（以姓氏笔画排序）
　　　　　　王大鹏　朱　松　刘玉超　吴卓昆　张春磊
　　　　　　罗广成　徐　辉　郭兰图　蔡亚梅

总　策　划　王京涛　张冬晔

编辑委员会

主　　　编　杨　健

副　主　编　（以姓氏笔画排序）
　　　　　　朱　松　吴卓昆　张春磊　罗广成　郭兰图
　　　　　　蔡亚梅

委　　　员　（以姓氏笔画排序）
　　　　　　丁　凡　丁　宁　王　凡　王　瑞　王一星
　　　　　　王天义　方　旖　邢伟宁　全寿文　许鲁彦
　　　　　　牟伟清　李雨倩　严　牧　肖德政　张　琳
　　　　　　张江明　张树森　陈柱文　单中尧　秦　臻
　　　　　　黄金美　葛云露

丛书序

在现代军事科技的不断推动下，各类电子信息装备数量呈指数级攀升，分布在陆海空天网等不同域中。如何有效削弱军用电子信息装备的作战效能，已成为决定战争胜负的关键，一方面我们需要让敌方武器装备"通不了、看不见、打不准"，另一方面还要让己方武器装备"用频规范有序、行动高效顺畅、效能有效发挥"，这些行动贯穿于战争始终、决定战争胜负。在这一点上，西方军事强国与学术界都有清晰的认识。

电磁频谱是无界的，一台电子干扰机发射干扰敌人的电磁波，影响敌人的同时也会影响我们自己，在有限的战场空间中如果出现众多的电子干扰机、雷达、电台、导航等设备，不进行有效管理肯定会出乱子。因此，未来战争中，需要具备有效管理电磁域的能力，才能更加有效的发挥电磁攻击的效能，更好地满足跨域联合的体系作战要求。

在我们策划这套丛书的过程中，为丛书命名是一大难题，美军近几十年来曾使用或建议过以"电子战""电磁战""电磁频谱战""电磁频谱作战"等名称命名过这个"看不见、摸不着"的作战域。虽然在美国国防部在2020年发布的《JP 3-85：联合电磁频谱作战》明确提出用"电磁战"代替原"电子战"的定义，而我们考虑在本套丛书中只介绍"利用电磁能和定向能来控制电磁频谱或攻击敌人的军事行动。"是不全面的，也限制了本套丛书的外延。

因此，我们以美国战略与预算评估中心发布的《电波制胜：重拾美国在电磁频谱领域的主宰地位》中提出的"电磁频谱战"的概念命名，这样一方面更能体现电子战的发展趋势，另一方面也能最大程度的拓宽本套丛书的外延，在电磁频谱领域的所有作战行动都是本套丛书讨论的范围。

本系列丛书共策划了 6 个分册，包括《电磁频谱管理：无形世界的守护者》《网络化协同电子战：电磁频谱战体系破击的基石》《光电对抗：矛与盾的生死较量》《电子战飞机：在天空飞翔，在电磁空间战斗》《电子战无人机：翱翔蓝天的孤勇者》《太空战：战略制高点之争》。丛书具有以下几个特点：①内容全面——对当前电磁频谱作战领域涉及的前沿技术发展、实际战例、典型装备、频谱管理、网络协同等方面进行了全面介绍，并且从作战应用的角度对这些技术方法进行了再诠释，帮助读者快速掌握电子战领域核心问题概念与最新进展，形成基本认知储备。②图文并茂——每个分册以图文形式描述了现代及未来战争中已经及可能出现的各种武器装备，每个分册图书内容各有侧重点，读者可以相互印证的全面了解现代电磁频谱技术。③浅显易懂——在追求编写内容严谨、科学的前提下，抛开电磁频谱领域复杂的技术实现过程，与领域内出版的各种教材、专著不同，丛书的内容不需要太高的物理及数学功底，初中文化水平即可轻松阅读，同时各个分册都更具内容设计了一个更贴近大众视角的、更生动形象的副书名。

电磁频谱战作为我军信息化条件下威慑和实战能力的重要标志之一，虽路途遥远，行则将至，同仁须共同努力。为便于国内相关单位以及军事技术爱好者、初学者及时掌握电磁频谱战新理论和该领域最新研究成果，我们出版了此套系列图书。本书对我们了解掌握国际电磁频谱战的研究现状，深刻认识当今电磁域的属性与功能作用，重新审视电磁斗争的本质、共用和运用方式，确立正确的战场电磁观，具有正本清源的意义，也是全军开展电磁空间作战理论、技术和应用研究的重要牵引与支撑，对于构建我军电磁频谱作战理论研究体系具有重要的参考价值。

也希望本套丛书的出版能使全民都能增强电磁频谱安全防护意识，让民众深刻意识到，电磁频谱空间安全是我们各行各业都应重点关注的焦点。

2022 年 12 月

前 言

无论是在电子战领域还是在军事航空范畴中,电子战飞机都是一种重要而独特的存在。由于数量相对较少而发挥的作用巨大,美军称其为"高需求低密度"装备。在现代军事斗争中,电磁频谱的应用日益广泛,电子战的作用愈发突出,专用电子战飞机处于电子侦察、电子干扰和反辐射打击的核心地位,使其当然成为装备中的"明星"、作战中的"利器"。

电子战飞机的应用跨越平时和战时。平日,电子侦察飞机如"空中的耳目"密切关注着对手在电磁空间的一举一动。战时,电子干扰飞机往往一马当先,担任电磁急先锋,让敌方电子系统"失明失聪",同时作为作战机群的"带刀侍卫",为整个机群提供电磁"金刚罩"。空中作战中,反辐射飞机"先进后出",置对手的防空于"开机找死、关机等死"的绝境。

世界范围内,电子战飞机历经了半个多世纪的演进,接受了热战冷战的洗礼,代代相传,蓬勃发展。美军在电子战飞机领域一直处于全球领先地位,电子战飞机种类最多、数量最多、应用最多。越南战争中的"野鼬鼠"、"黄金峡谷"行动中的EF-111A"渡鸦"、海湾战争"沙漠风暴"行动中的EA-6B"徘徊者"、反恐战争中的EC-130H"罗盘呼叫"……这些电子战飞机的运用都在现代战争中留下了浓墨重彩的一笔,注定载入现代战争以及电子战发展的史册，而 EP-3E 南海撞机事件更让我们感受到英雄的伟大，和平的不易……

本书是中央军委科技委"战略先导"计划中电磁频谱战科普丛书的一部分。作为科普读物，本书无意全面系统地介绍电子战飞机的性能、装备的参数及作战应用，只是从电子战飞机的发展中撷取了数个片段，选取了几型典型飞机，记录了不多的几个作战场景，编撰成三十余篇主题文章。

电子战飞机如此重要，也注定是各国高度的秘密。在众多资料中，电子战飞机被无数次提及，但深入介绍的材料却凤毛麟角，各国对电子战飞机的性能语焉不详，对其作战的应用高度保密。不多的资料中，往往也各说各话，内容还常常相左，难以证实也难以证伪。即便笔者长期跟踪研究外军电子战发展，搜集整理了相对丰富的开源情报，但面对外军电子战飞机这个主题也深感棘手，资料的缺失、核实的艰难、时间的仓促使本读物的写作几近夭折。感谢国防工业出版张冬晔编辑、王京涛主任不懈的支持和鼓励，才使本书最终得以完成。自知书中瑕疵很多，很多地方都需要进一步打磨，更有很多方面没来得及涉及，愧于成书，但鉴于普及电磁频谱战的重要性以及介绍电子战飞机的必要性，作为课题组一员，勉力而为完成此部分内容。敬请广大读者指正，希望有机会完善补充，更希望电子战得到更广泛的宣传和普及。

另外，本书中的图片大部分来源于网络，感谢这些图片的作者，他们摄制的照片或制作的图片能帮助本书读者对电子战飞机有更加直观的认识和了解。

在无形的电磁空间，你用或者不用，频谱都在那里，不来不去。你战或者不战，交锋都在那里，不觉不知。

电子战飞机，在天空飞翔，在电磁空间战斗。

作　者
2022 年 12 月

目录
CONTENTS

电子战的天空
——电子战飞机的发展 / 1

空中徘徊的杀手
——美国海军 EA-6B"徘徊者"
电子战飞机 / 13

干扰机中的战斗机
——美国海军 EA-18G"咆哮者"
电子攻击飞机 / 23

电子战"浩劫"
——EA-18G"咆哮者"机组
是如何炼成的 / 31

无人的咆哮
——EA-18G 电子战飞机无人飞行
试验 / 39

袋鼠的"咆哮"
——澳大利亚 EA-18G 电子战
飞机 / 47

让你不能呼叫
——美国空军 EC-130H"罗盘呼叫"
干扰飞机 / 55

救了国防部长的命
——EC-130H 的作战应用 / 63

新瓶子装"老"酒
——美国空军 EC-37B
新"罗盘呼叫" / 69

一波三折
——EC-37B 的发展 / 75

短暂而辉煌
——美国空军 EF-111A "渡鸦"
电子战飞机 / 83

一型飞机退役引发的 "血案"
——EF-111A 退役及其影响 / 91

没能等来的起飞
——美国空军 EB-52 电子干扰
飞机 / 97

雷达的天敌
——"野鼬鼠" 防空压制飞机的
发展 / 103

先进后出
——美国空军 F-4G "野鼬鼠"
战斗机 / 111

你耍我?
——美国空军 F-16CJ
对敌防空压制飞机 / 119

空中 "顺风耳"
——RC-135V/W "联合铆钉" 电子
侦察飞机 / 125

空中搜索者
——英国 RC-135W 电子侦察
飞机 / 133

"眼镜蛇" 的凝视
——美国空军 RC-135S "眼镜蛇球"
侦察飞机 / 139

神秘的 "战斗派遣"
——美国空军 RC-135U "战斗派遣"
战略侦察飞机 / 147

天线比狗身上的虱子还多
——美国海军 EP-3E 信号情报
飞机 / 155

南海上空的幽灵
——美国海军 EP-3E "白羊座Ⅱ"
电子侦察飞机 / 161

听我独奏
——美国空军 EC-130 心理战
飞机 / 167

心理轰炸机
——美国空军 EC-130E/J 的作战
应用 / 175

俄罗斯"黑鸭"
——俄罗斯伊尔-20M"黑鸭"
信号情报飞机 / 181

古老的新飞机
——俄罗斯伊尔-22PP"伐木人"
电子战飞机 / 187

欧洲"咆哮者"
——德国欧洲战斗机"台风"
ECR 飞机 / 195

电磁频谱中的"狂风"
——欧洲"狂风"ECR 电子战斗/
侦察飞机 / 201

法兰西"天使"
——法国 C-160G"加百丽"
信号情报飞机 / 211

斯堪的纳维亚半岛的"猎鹰"
——挪威"猎鹰 20"电子战
飞机 / 217

岛国"偷窥者"
——日本 RC-2 电子侦察
飞机 / 225

巴尔干上空的较量
——科索沃战争美军电子战
飞机的应用 / 231

大战前的天空
——俄乌冲突前北约侦察飞机的
行动 / 239

参考文献 / 248

电子战的天空
——电子战飞机的发展

电子战飞机：在天空飞翔，在电磁空间战斗

泰戈尔说，"天空中没有翅膀的痕迹，但我已飞过"。这是诗人的境界。

在电磁空间，有这样一种作战飞机，"我在天空飞过，却没有留下战斗的痕迹"。这是电子战飞机的写照。

简单地讲，电子战飞机就是遂行电子战任务的飞机，是专门对雷达、通信、指挥控制系统和电子制导系统进行电子侦察或电子干扰的飞机，通常分为电子侦察飞机、电子干扰飞机和防空压制飞机等类型。电子战飞机是电子战装备体系中的重要组成部分，在电磁频谱作战中发挥着举足轻重的作用。

电子侦察飞机主要用于飞临任务区域，比如对手边境附近、内陆或海洋上空，对电磁辐射源进行侦察和监视，截获、识别、定位并记录辐射源信号，获取对手有关雷达、通信等目标的情报，供事后分析或实时将数据传送给己方指挥中心和作战部队，为实施电子战和其他作战行动提供情报。电子侦察飞机通常由改装的运输机和客机作为载机平台，普遍装有大型电子侦察和监视设备。当前世界上典型的电子侦察飞机有美国空军的RC-135V/W"联合铆钉"、美国海军的EP-3E"白羊座Ⅱ"等。

美国空军 RC-135V/W "联合铆钉" 电子侦察飞机

美国海军 EP-3E "白羊座 II" 电子侦察飞机

电子干扰飞机则是通过机载专用电子干扰设备,对敌防御电子系统进行干扰压制,实施随队干扰、远距离和近距离电子支援。作为当前运用最广泛、表现最直观的电子攻击系统,电子干扰飞机是电子战场上的绝对主力,通常被认为是电子战的"形象代言"。

电子干扰飞机装有大功率干扰机以及进行干扰引导的接收系统,具有完备的电子防护能力,重点对敌防空系统、指挥控制系统和通信网络实施干扰压制,掩护己方攻击飞机的作战。电子干扰飞机通常采用战斗机和运输机作为载机平台。典型的电子干扰飞机有美国海军的EA-6B"徘徊者"和EA-18G"咆哮者"以及美国空军的EC-130H"罗盘呼叫"电子干扰飞机。

美国海军EA-6B"徘徊者"电子战飞机

美国海军 EA-18G "咆哮者" 电子战飞机

美国空军 EC-130H "罗盘呼叫" 电子干扰飞机

电子战飞机：在天空飞翔，在电磁空间战斗

  防空压制飞机是专门司职探测、识别和定位敌方防空系统，并对其实施反辐射摧毁的战斗机。在作战中，防空压制飞机通常伴随或先于己方攻击机群突防进入敌防空圈，摧毁敌防空雷达阵地，为攻击机群扫清障碍。防空压制飞机是经过改装的专用战斗机，又被称为"野鼬鼠"飞机。著名的"野鼬鼠"飞机是美国空军的F-4G和F-16CJ。

  电子战飞机发展历史悠久。它诞生于第二次世界大战后期，在越南战争期间得到快速发展，并在此后海湾战争、科索沃战争、阿富汗战争、伊拉克战争等历次战争中不断成熟，得到广泛应用。

美国空军F-4G"野鼬鼠"飞机

美国空军F-16CJ"野鼬鼠"飞机

第二次世界大战期间,随着警戒雷达的大量使用,轰炸机受到地面炮火的严重威胁。为此,盟军研制了针对雷达的有源干扰设备、电子告警装置和无源干扰设备。英军将战斗机和轰炸机上的武器拆除,装上电子侦察和干扰设备,改装成专门执行电子支援掩护任务的飞机,并专门成立了特种无线电对抗部队,先后装备的飞机包括"兰卡斯特""哈利法克斯"等,美军也将B-17、B-24、B-29等轰炸机临时改装成雷达对抗飞机,成为电子战飞机的前驱。

20世纪50年代,针对苏联和朝鲜战争,美军研制了多型由轰炸机或攻击机改装的电子战飞机,先后使用了RB-29电子侦察飞机以及EB-47、EB-57、EB-66等电子干扰飞机。其中EB-66诞生于1950年,由A-3攻击机改装而成,1956年开始使用,在随后的越战中表现出色,成为初期电子战飞机的典型代表。

随着越南战争的爆发,电子战飞机得到了广泛应用和高速发展。20世纪60年代中期,越南战事进入胶着阶段。越军大量使用苏制"萨姆"

电子战飞机：在天空飞翔，在电磁空间战斗

美国空军 EB-66 电子战飞机

地空导弹和雷达制导高炮，重创美军飞机。为此美军紧急研制并部署了多型专用电子战飞机。1966 年，美国海军陆战队将 A-6A 攻击机改装成 EA-6A 专用电子战飞机。同年，美军开始使用 AGM-45 "百舌鸟" 反雷达导弹，由 F-4C 和 F-105G 战斗机携带，用于攻击越南地面防空系统。专用电子战飞机的应用大幅降低了越军防空系统的效能，降低了其命中精度，极大地提高了攻击飞机的生存率。越战期间，诞生了 F-4G 和 EA-6B 等典型的电子战飞机。

自越南战争后，电子战飞机的发展受到各国高度重视，越来越广泛地应用在日常侦察以及各种作战行动中。美军在进行的每一场战争中，电子战飞机都未曾缺席。经过 80 多年的发展和应用，目前美国拥有 200 多架专用电子战飞机，是电子战飞机数量最多、种类最全、技术最先进、作战应用最广泛的国家。美国同时还在不断升级改进现役电子战飞机、研发新飞机，以继续在电子战飞机领域领先于世界其他国家。

苏联也曾是一个电子战飞机大国。苏联时期，苏军拥有大量电子战飞机，苏联解体后，俄罗斯的电子战飞机数量大幅缩减，目前拥有伊尔-20M、伊尔-22PP "伐木人" 和图-214R 等几型飞机，不过尽管数量不多，但在俄军行动中非常活跃。

俄罗斯图-214R信号情报飞机

电子战飞机： 在天空飞翔，在电磁空间战斗

除美俄外，世界其他国家也研发了大量电子战飞机。欧洲国家比较典型的电子战飞机有德国的"狂风"ECR电子干扰与侦察飞机、法国的"加百利"信号情报飞机，英国的"猎迷"R.1电子侦察飞机和"阿斯托"情报飞机等。

提到电子战飞机，一般都默认是有人驾驶的固定翼飞机，而除有人驾驶的电子战飞机外，随着无人机的快速发展，电子战无人机正方兴未艾，成为未来发展的重要趋势。在固定翼电子战飞机外，专用的电子战直升机也是一支重要的空中电子战作战力量。

电子战飞机虽是一个小众领域，却也拥有一个大大的乾坤。随着电磁频谱在现代战争作用日益突出，电子战飞机已成为夺取现代战争胜利的"利器"。电子战飞机是一国电子战能力的集中展现，也是衡量一国军事实力的重要标志。

电子战飞机，在天空中飞翔。

电子战的天空，辽阔宽广……

欧洲"狂风"ECR飞机

空中徘徊的杀手
——美国海军 EA-6B "徘徊者"电子战飞机

电子战飞机：在天空飞翔，在电磁空间战斗

从 1904 年日俄战争中首次应用于战场到现在，电子战的发展超过百年。百年历程中，电子战装备层出不穷，电子战飞机无疑是其中最耀眼的明星，而在各型电子战飞机中，EA-6B"徘徊者"历经了近半个世纪的炮火洗礼，最集中地展示了电子战的力量，成就了一段传奇。

EA-6B 由美国格鲁曼公司的 A-6"入侵者"攻击机改装而成。先于 EA-6B 投入应用的是 EA-6A，EA-6A 沿用 A-6 大部分的机体设计，通过加装电子战装备执行电子侦察和干扰任务，1966 年由美国海军陆战队首先应用于越南战争。EA-6B 由美国海军负责研制，比 EA-6A 晚两年起步，与 EA-6A 不同，EA-6B 加长了 A-6 的机身，增加了两个后排座位，同时采用了全新的电子战系统。EA-6B 于 1963 年开始研制，1968 年首飞，1971 年正式服役，1991 年完成交付，2015 年 6 月从海军退役，是航空母舰上使用时间最长的机型。EA-6B 从海军退役后，美国海军陆战队仍继续使用了 4 年，直到 2019 年 3 月 EA-6B 才完全退役。

EA-6B是美国航空母舰上服役时间最长的机型

电子战飞机： 在天空飞翔，在电磁空间战斗

　　EA-6B 的机组共 4 人，包括 1 名飞行员和 3 名电子战军官。飞行员负责飞行控制，前排的电子战军官主要负责导航、通信和防御性电子对抗。后排的两名电子战军官主要专注于电子战任务。据 EA-6B 的机组介绍，四名机组人员间的交流方式很独特，大部分时间都是通过轻推对方、用手示意进行沟通。在实施复杂的攻击时，整个机组要完成一系列动作，需要互相密切协作，比如 1 人监测信号，1 人进行干扰；1 人确定反辐射攻击目标，1 人向反辐射导弹加载数据，1 人发射导弹。尽管是 4 名机组成员，但每位成员的工作强度都很大。此外，EA-6B 也是美国航母舰载机中着舰难度最大的机型。

EA-6B 有 4 名机组成员

EA-6B 飞行员坐在前方左边

1号位电子战军官坐在前方右边席位，负责通信、导航、防御性电子对抗以及箔条/曳光弹的投放

电子战飞机： 在天空飞翔，在电磁空间战斗

后座上的电子战军官负责操作 ALQ-99 电子战系统，每名军官都可以独立探测、分配、调整和监控干扰机

自服役起，EA-6B 先后经历了八次重大改进。从 1973 年"扩展能力改进"（EXCAP）项目起，到 2005 年 EA-6B 最后一型"改进能力Ⅲ"（ICAP Ⅲ）交付使用时，EA-6B 已成为装备了 ALQ-99 干扰吊舱、ALQ-218 接收机、USQ-113 通信干扰机以及 AGM-88 反辐射导弹，具备了精确无源定位、快速反应干扰能力，能遂行防区外干扰、近距离和随队干扰以及反辐射攻击等任务的空中电子攻击平台。EA-6B 上最重要的电子战武器是 ALQ-99 干扰吊舱。EA-6B 最多可挂载 5 个 ALQ-99 吊舱，各吊舱覆盖不同的频率范围。每次任务前，会根据交战对象选挂不同的吊舱，通常挂载 3 个吊舱，其余 2 个挂架挂载油箱。

EA-6B 的电子战任务主要包括远距离干扰、近距离和随队干扰以及对敌防空压制。执行远距离干扰时，EA-6B 在敌方防空系统攻击范围外作椭圆轨道飞行，同时对敌方施行大功率压制性干扰。随队护航

干扰时，EA-6B随攻击机队一起出动，在机队前实施干扰，必要时会发射反辐射导弹摧毁敌方防空雷达阵地。在典型空中作战中，EA-6B都承担着"First in Last out"（首先进入，最后撤离）的重任，先于作战机群进入战场，实施电子压制，为后续飞机的攻击开辟安全通道，在战斗结束后，最后撤离战场，为战斗机群的安全返航提供掩护。不过，EA-6B是一种亚音速飞机，难以与先进的超音速机群协同作战，一定程度上限制了其在现代战场上更大范围的应用。

2008年11月7日，一架EA-6B从阿富汗巴格拉姆空军基地起飞

电子战飞机： 在天空飞翔，在电磁空间战斗

EA-6B 共生产了 170 架，美国海军历史上最多时曾拥有 19 个 EA-6B 中队。在服役后期，海军有 13 个 EA-6B 中队，编号为 VAQ-130~VAQ-142，其中舰载机中队 10 个，每个中队配置 4 架 EA-6B，拥有 28 名军官和 160 名士兵。舰载机中队每年通常要在海外部署 6~7 个月。而 VAQ-136 中队则永久部署在驻日本的太平洋舰队的航空母舰上，另外 VAQ-129 训练中队驻华盛顿惠德贝岛，主要负责训练 EA-6B 机组人员。

海军陆战队列编有 4 个电子攻击中队，代号为 VMAQ-1~VMAQ-4，每个中队 5 架 EA-6B，基地位于北卡罗来纳州海军陆战队彻丽角航空站。海军陆战队的 EA-6B 并不上舰，会定期部署到海外陆上基地，对海军陆战队、陆军和空军提供支援。

2014 年，一架 EA-6B 参与反恐作战

EA-6B 长达 48 年的服役时间，充分体现了美军对 EA-6B 的高度依赖，也证实了 EA-6B 的卓越性能与作用。如果说在越南战争中 EA-6B 只是小试锋芒，在海湾战争中则是"大开杀戒"。海湾战争中，美国海军随 6 个航空母舰编队出动了 27 架 EA-6B，海军陆战队派出了 12 架 EA-6B 进驻巴林，出动的 EA-6B 占到美军整个 EA-6B 机群数量的三分之一。"沙漠风暴"行动中，EA-6B 与美国空军的 EF-111A 电子战飞机一起，成功压制了伊军强大的地面防空力量，掩护攻击机群突防，同时使用诱饵，诱使伊拉克防空雷达开机，成为美军反辐射导弹攻击的目标。盟军在海湾战争中的胜利很大程度上就是电子战的胜利，电子战的胜利很大程度归因于电子战飞机，而电子战飞机中，EA-6B 发挥的作用首当其冲。

自服役后，EA-6B 参加了美军几乎每一次空中作战。海湾战争后，在科索沃战争、阿富汗战争、伊拉克战争等一系列军事行动中，EA-6B 都发挥了重要作用。科索沃战争中，美军一架 F-117 隐身战斗机被击落，据分析就是因为飞出了 EA-6B 的保护范围。在阿富汗和伊拉克战场上，美军部署有 1~2 个"徘徊者"中队参战。阿富汗战争中，尽管塔利班的防空系统落后，但美军在战争初期所有的空袭中都要求 EA-6B 参战，以消除地空导弹的威胁。不出动 EA-6B，作战任务就会被取消，"No fly without EA-6B"（没有 EA-6B 护航就不升空）在战争初期成为美军一条规则。

实战证明了 EA-6B 的出色表现，分析指出，越战之后，在 EA-6B 有效支援范围内，盟军没有一架进攻飞机被雷达制导武器击落，EA-6B 取得了骄人战绩，也证实了电子干扰的巨大成效。

2015 年，EA-6B 全部退出美国海军现役，一个时代落下了帷幕。美国海军为纪念这一历史性时刻，在惠特贝海航站举行了三天隆重的纪念活动，邀请了包括退役 EA-6B 电子战军官以及当年参与研制的工程师在内的 1000 多人参加了 EA-6B 退役仪式，并特地安排执行过首次试飞任务的飞行员乘坐最后一架 EA-6B 飞越了海航站。

电子战飞机：在天空飞翔，在电磁空间战斗

EA-6B完满谢幕。2009年，EA-6B的替代飞机EA-18G"咆哮者"闪亮登场，接替EA-6B成为了空中电子攻击的核心，完成了电子战飞机的代代传承。

EA-6B已全部退役，但它对空中的影响永存

干扰机中的战斗机
——美国海军EA-18G"咆哮者"电子攻击飞机

电子战飞机： 在天空飞翔，在电磁空间战斗

F-22 被"击落"了，即使是在演习中，这条消息也是爆炸性的。

2009 年，美国一位知名的航空刊物编辑在其博客中透露，在美国空军安德鲁斯空军基地举办的一次电子战演习中，他发现一架 EA-18G 上涂有 F-22 隐身战斗机的标识。一般情况下，战斗机只有在击落或击伤敌机的情况下才会涂上该机的徽标作为战果展示。难道 EA-18G 击落过 F-22？他对此非常好奇，就采访了这架 EA-18G 的飞行员。飞行员承认那的确是一架 F-22，是在一次对抗演习中被 EA-18G 用 AIM-120 导弹"击落"的。但当时的场景如何？EA-18G 是如何发现 F-22，是否依靠了其强大的电子战能力"击落"F-22 的？飞行员闭口不谈。

从整个事件可以得知，EA-18G 可能真的"击落"了 F-22，但如何击落 F-22 是高度机密。

干扰机中的战斗机——美国海军 EA-18G "咆哮者"电子攻击飞机

2009 年，一架 EA-18G 被发现在座舱下方涂有一架 F-22 隐身战斗机的标识

EA-18G 是美国海军目前唯一的电子攻击飞机，也是美军中唯一的随队电子攻击飞机。EA-18G 集中体现了当前最先进的机载电子攻击技术，具有世界上最强大的机载电子干扰能力，在美军电子战装备体系和联合作战中占据核心地位。

EA-18G 是 F-18F "超级大黄蜂"的电子攻击型，保留了 F/A-18F 战斗机的原有能力。与先前的 EA-6B 电子战飞机相比，EA-18G 速度更快、机动性更强，具有更加先进的传感器、通信和自卫系统，具备真正的随队干扰能力。

一架EA-18G准备从"罗斯福"号（CVN 71）航母上起飞

EA-18G"咆哮者"电子攻击飞机的研制可以追溯到2001年，这一年，在美军开展的更换EA-6B的电子攻击飞机备选方案分析中，基于F/A-18F"超级大黄蜂"的先进衍生型EA-18G被选定作为未来防区外干扰飞机和护航干扰飞机。2009年9月，EA-18G达到初始作战能力，正式服役。2019年7月，全部160架EA-18G交付完毕。2022年，EA-18G已经部署到美国海军所有10个航母战斗群以及4个陆上基地中队进行远征作战。美国海军还有一个单独的训练中队，此外，还有三支负责战术开发和测试评估的VX中队也部署了EA-18G。

当前的EA-18G Block Ⅰ型飞机沿用了EA-6B上的ALQ-99雷达干扰吊舱、ALQ-218（V）2接收机系统以及ALQ-227通信对抗设备（CCS）执行电子攻击，依靠AGM-88"高速反辐射导弹"对敌实施防空摧毁，依靠AIM-120"先进中程空空导弹"进行对空攻击。

EA-18G的作战任务主要包括：

（1）防区外干扰。发挥机动能力强的特点，快速抵达指定区域，在敌方攻击范围外对敌防空系统、侦察设施、通信系统实施干扰，远距离掩护攻击机群突防。在执行防区外干扰任务时，EA-18G一般装配两个外挂油箱、三个ALQ-99干扰吊舱、两枚AGM-88反辐射导弹、两枚AIM-120空空导弹以及ALQ-218（V）2翼尖天线吊舱。

26

EA-18G 挂载有 ALQ-99 干扰吊舱和 ALQ-218（V）2 翼尖吊舱

（2）随队干扰。与攻击飞机编队飞行，对潜在威胁目标，如地面监视雷达、跟踪制导雷达、主动雷达制导导引头等进行干扰，压制敌方地面防空体系，确保攻击飞机的战场生存力和打击效果。在执行随队干扰任务时，EA-18G 的典型配置包括两个外挂油箱、三个 ALQ-99 干扰吊舱（其中一个为低波段吊舱）、两枚 AGM-88 反辐射导弹、两枚 AIM-120 空空导弹以及一对 ALQ-218（V）2 翼尖天线吊舱。

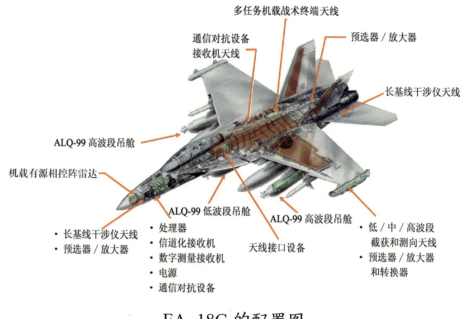

EA-18G 的配置图

（3）对敌防空压制。利用 ALQ-99 对敌方防空系统实施反应式或先发制人式干扰，并利用 AGM-88 反辐射导弹对敌防空系统实施摧毁。

（4）时敏目标攻击。对战场高价值目标，尤其是对频谱中稍纵即逝的时敏目标实施攻击。在时敏目标攻击配置中，EA-18G 将用 APG-79 和 ALQ-218（V）2 系统进行引导，载荷包括一个中心线外挂油箱、两个 ALQ-99 干扰吊舱、两枚 AGM-88 反辐射导弹、两枚 AGM-154 JSOW、两枚 AIM-120 空空导弹以及一对 ALQ-218（V）2 翼尖天线吊舱。在这种攻击模式中，EA-18G 能够向攻击编队其他作战飞机传输数据,引导攻击。

EA-18G 还具有优异的组网能力,是美军网络中心战体系的重要组成部分,配备了"多任务先进战术终端"(MATT)、"多功能信息分发系统"(MIDS)、Link-16 数据链,拥有完备的网络化作战能力。可以同预警机、无人机、战斗机、地面部队等其他战术平台联网,共享信息,协同工作,完成多平台协同威胁目标定位、协同攻击引导等作战任务。EA-18G 飞机还拥有控制无人机的能力,可控制"小型空射诱饵"、Dash-X 等无人机执行突前的侦察和电子战作战任务。

自 2009 年正式服役以来,EA-18G 已有多次实战经历。

2011 年 3 月 19 日,多国部队对利比亚发动空袭。法国"阵风"和"幻影"2000 战斗机突入利比亚领空,对利比亚政府军的地面目标进行了空中打击。战争中,美国海军派出了 5 架 EA-18G 参战,这是 EA-18G 服役后的首次实战。美国是北约唯一拥有战术干扰支援能力的国家,美军的 EA-18G 是保护联军轰炸机不受利比亚地空导弹威胁的必备武器。

3 月 21 日,在 EA-18G 的支援下,英法战斗机以及美国海军陆战队的"鹞"式战斗机在班加西以南约 16 千米成功地阻击了利比亚政府军的前进。美军并没有透露此次行动中 EA-18G 的具体应用,是破坏了敌方的导弹发射还是干扰了该部队与总部的通信联络。不过据推断,由于该利比亚部队具备机动地空导弹发射能力,因而美军出动了 EA-18G 飞机为联军战机提供保护。

此外,EA-18G 在"自由伊拉克行动"和阿富汗"持久自由行动"中为联军部队提供了支援。其中,"自由伊拉克行动"中,EA-18G 首次从航空母舰上起飞执行作战任务。

目前,EA-18G 仍沿用 EA-6B 上的 AN/ALQ-99 电子战系统。等到"下一代干扰机"正式列装后,EA-18G 将成为真正意义上的新一代电子战飞机,具备更加强大的电子战能力。

EA-18G,战斗机中的干扰机,干扰机中的战斗机。

飞行中的 EA-18G 投掷曳光弹

电子战"浩劫"
——EA-18G"咆哮者"机组是如何炼成的

电子战飞机： 在天空飞翔，在电磁空间战斗

美国电影《壮志凌云》曾风靡全球，被称为 TOPGUN 的美国海军战斗机武器学校由此名闻天下。

相比之下，美国海军机载电子攻击武器学校的知名度就小很多。机载电子攻击武器学校是 2011 年由美国海军空战发展司令部在内华达州法伦海航站成立的，被称为"浩劫"（HAVOC）。"浩劫"并不是其名称首字母的缩写，采用这个称谓的用意似乎很明显，就是要给对手制造一场"浩劫"。

"浩劫"学校的主要任务是培养 EA-18G 的战术教官，并为 EA-18G 制定作战战术，因此也被称为 EA-18G 的"战术引擎"。

美国海军机载电子攻击武器学校 2011 年在内华达州法伦海航站成立

被称为"浩劫"的美国海军机载电子攻击武器学校的徽标

"浩劫"每年举办两期"咆哮者"战术教官培训,每期14周。学员包括4名飞行员、4名电子战军官以及1~3名情报官。培训分为三个阶段,第一阶段是空对空阶段,学习最新的作战战术,提升学员的整体技能。第二阶段是机载电子攻击阶段,重点掌握整合各种传感器和动能/非动能能力所需的技能,该阶段在法伦靶场训练综合体以及各种模拟器和课堂学习环境中进行。在第三阶段,培训学员将驾驶EA-18G与F-16、F-22和F-35等战斗机一起在内利斯空军基地的空军武器学校进行为期一个月的对敌防空压制综合演练。"浩劫"的培训方式是首先进行课堂教学,然后在虚拟环境中通过模拟器熟悉技能,最后进行实际飞行演练。

美国海军对EA-18G机组的培训分为五级。第一级是进行针对EA-18G的基础训练,然后学员到作战中队服役,并在惠德贝岛的电子攻击武器学校完成第二级训练,成为具有实战能力的机组,第三级是担任任务指挥官,在战时或训练中指挥3~4架EA-18G完成指定的任务,第四级是对敌防空压制训练,指挥一个由F-16或F/A-18以及EC-130H等飞机组成的编队实施对敌防空压制,第五级就是进入"浩劫"学校,接收"咆哮者战术教练"培训。

一架 EA-18G 在法伦海军航空站滑行

一名飞行学校毕业的飞行员或培训联队毕业的初级军官从获得基础的"咆哮者"资格，成为 EA-18G 的飞行员或电子战军官起，到成为最高层级的 EA-18G 飞行员或电子战军官，是相当不容易的。首先需要在 VAQ-129 中队花一年左右的时间学习如何驾驶或操作 EA-18G，获得一级"咆哮者"资格，然后再到 EA-18G 作战中队，完成至少一个或多个周期为 3 年的服役，并在此期间接收第三和第四级的培训，而且中途只要离开 EA-18G 驾驶舱超过一年的时间，就必须回到 VAQ-129 中队接受某种形式的复训才能重新操纵 EA-18G。大多数人员的 EA-18G 生涯会在第三或第四阶段终结，只有少数精英中的精英才有机会进入"浩劫"学校，接受第五级的培训。

EA-18G 飞行员和电子战军官的训练主要由美国太平洋舰队电子攻击联队司令（CVWP）负责，承担 EA-18G 机组训练的单位主要有三个，即 VAQ-129 电子攻击中队、海军电子攻击武器学校和海军机载电子攻击武器学校。三者任务各不相同，VAQ-129 电子攻击中队负责人员的初级培训及基本的战术训练，海军电子攻击武器学校的重点是对各个 EA-18G 作战中队进行整体训练，确保其在部署前达到实战水平，而海军机载电子攻击武器学校则负责培训战术教官并开发作战战术。

VAQ-129 电子攻击中队驻扎在华盛顿州惠德贝海军航空站，有约 30 架 EA-18G 飞机用于飞行训练。该中队有 200 多名军官、400 多名士兵和 200 多名文职人员，是最大的一支 EA-18G 中队。VAQ-129 中队的任务主要有两项，一是向 EA-18G 作战中队培训并输送新的机组人员，二是为太平洋电子攻击联队和作战中队储备机组和飞机。

VAQ-129 每年开设六个班，每班约 15 名学员。他们将参加为期 52 周的多阶段课程。

电子战飞机： 在天空飞翔，在电磁空间战斗

VAQ-129 电子攻击中队徽标

课程首先是 EA-18G "熟悉"阶段。通过 EA-18G 教练机和标准 EA-18G 飞机让学员掌握 EA-18G 飞行基础。第二是编队飞行阶段，进行编队飞行训练，训练学员驾驶 EA-18G 汇合到编队中并确保到位。第三是空对空阶段，占教学大纲的 33%，涵盖全天候拦截和空对空反制战术训练。包括掌握 APG-79 有源相控阵雷达的基本操作以及视距内和视距外环境中的空对空战术。第四是机载电子攻击阶段。机载电子攻击课程占教学大纲的 50%。学员必须熟悉操控 ALQ-99 战术干扰吊舱、ALQ-218 系统、AGM-88 "高速反辐射导弹"和 AGM-88E "先进反辐射制导导弹"（AARGM）等系统。

飞行学员和电子战军官在整个课程中都是成对一起学习的。飞行员的职责按优先级从高到低依次为确保飞行安全并处于良好的干扰位置，确保附近没有威胁飞机，确保飞机处于适合的反辐射攻击、电子攻击和电子监视位置。电子战军官职责首先是确保电子监视和电子攻击。

海军电子攻击武器学校同样位于惠德贝岛，它为 EA-18G 机组人员提供全面的战术训练。学校开设有一个为期 6~7 周的"电子战先进准备项目"课程，为 EA-18G 中队的部署做准备。该课程将教授机组人员如何控制所有系统的显示器，飞行员与电子战军官如何协同工作，

如何处理传感器提供的信息等。课程具有不同的等级目标，等级一是获得"舰队补充中队"（FRS）资格，等级二是获得僚机飞行员资格，等级三是任务指挥官，等级四是对敌防空压制任务指挥官。每一级，学员都需要完成相应的理论知识、模拟飞行以及空中飞行。培训完成后，学员将获得学校和所在中队共同颁予的证书。

海军电子攻击武器学校还为EA-18G器械和维护人员提供广泛的培训，为EA-18G中队在世界各地的部署做好准备，并为所有EA-18G中队持续提供飞行训练支持。

培训学员在EA-18G双人座舱中进行训练

电子攻击武器学校是确保中队在出发进行部署前得到适当训练的关键机构，在惠德贝岛进行的高级战术训练更侧重于中队层面。

按美军的说法，VAQ-129进行的是本科教育，电子攻击武器学校是培养研究生，而从"浩劫"毕业，就相当于博士水平了。

从EA-6B到EA-18G，美军对电子攻击飞机的应用已超过半个世纪。50多年的经历让其在电子攻击飞机机组尤其是舰载电子攻击飞机机组的培训上积累了丰富的经验。

培养一名战斗机飞行员不容易，而比培养战斗机飞行员更难的可能是培养舰载战斗机飞行员，而比培养舰载战斗机飞行员还难的则可能是培养舰载电子战飞机的飞行员了。

无人的咆哮
——EA-18G 电子战飞机无人飞行试验

2020年2月4日,波音公司宣布与美国海军一起进行了EA-18G"咆哮者"电子战飞机的无人飞行试验。

这离2019年10月开始的试验已经过去了4个多月的时间,对于试验,双方更是没有透露什么实质性内容。试验显得很神秘。

2019年,美国海军与波音公司一起进行了EA-18G的无人飞行试验

报道时间上的延迟以及报道内容的简略似乎表明此次演示很可能涉及美军电子战一些重要的技术和战术,对未来作战以及技术发展具有重大影响。

此次试验是美国海军2019年度"舰队试验演习"(FLEX)的一部分。试验中,美国海军与波音公司采用了3架EA-18G在帕图森河海军航空站进行了无人飞行演示。其中2架EA-18G作为无人驾驶的"代理"飞机,由其后的第三架有人驾驶的EA-18G进行控制。试验前后持续了2个月左右,3架飞机一起飞行了4次,完成了21项不同的任务演示。

据分析,此项试验涉及的内容应该包含无人飞行控制、空中感知和电子战运用等,试验目的至少包括演示有人-无人协同飞行、机载协同感知与电子战应用以及探索未来技术发展路径等。

为了这次试验,美军在2019年就开始对参试的EA-18G进行无人飞行改装,装备了被称为"人工推理和认知"(ARC)的控制系统以及"分布式战术处理器网络"(DTPN)、"战术目标瞄准网络技术"(TTNT)样机等。ARC控制系统中含有可以模仿人类大脑推理和认知能力的人工智能机器。DTPN是一种开放式体系架构、多层安全处理器系统。TTNT采用了高吞吐量、低时延的数据链技术。这三个系统使两架EA-18G作为无人驾驶的自主控制飞机,而第三架作为控制站,形成"有人-无人编组"(MUM-T)。而通过DTPN和TTNT,无人驾驶飞行的2架EA-18G能够对平台内外传感器数据进行融合,生成战场通用战术图并传输给有人驾驶的EA-18G,而根据传输获得的数据EA-18G将可以自主进行电子攻击。

此次试验由美国海军战争发展司令部组织,是美国海军年度"舰队试验演习"的一部分。而通过此信息能从侧面了解分析出EA-18G的无人机试验的部分性质。

美国海军战争发展司令部是美国海军致力于创新的机构,主要任务是开发并集成应对复杂海战的创新性解决方案,增强当前及未来的作战能力，其核心业务包括：开发新概念和条令、组织舰队试验演习、分析经验教训、跨域集成以及仿真建模等。

此次试验由美国海军战争发展司令部组织的美海军年度舰队试验演习（FLEX）的一部分。2022年10月，美国海军战争发展司令部更名为美国海军战争发展中心

"舰队试验演习"由美国海军战争发展司令部代表美国舰队司令部和美国太平洋舰队进行管理和实施，每次试验的内容将根据舰队近期最高优先等级和能力差距设计，用于改进作战方式、验证舰队需求并促进创新，目的主要包括制定作战实施计划，为弥补近期作战能力上的不足提供解决方案，实现成果快速转化等。2019年度舰队试验被称为FLEX 19 MUMT试验，重点试验了F/A-18"超级大黄蜂"战斗机和EA-18G电子战飞机的有人无人编组能力，验证了F/A-18和EA-18G与无人系统一起完成作战任务的效能。另外值得一提的是，过去几年的"舰队试验演习"曾多次对EA-18G进行过演示试验。在2013年的FLEX-13中，2架EA-18G和1架E-2D分别使用ALQ-218和ALQ-217 ESM系统对舰载辐射源实施精确跟踪并引导导弹攻击。在2015年的FLEX-15舰队演习中，3架EA-18G演示了协同定位能力。

电子战飞机： 在天空飞翔，在电磁空间战斗

在2017年的FLEX-17中，EA-18G 和 F/A-18 进行了"联网传感器"演示。不难看出，演练 EA-18G 电子战飞机的新技术和新战术是舰队演习的一个重要内容。

尽管对2019年进行的这次试验，美国海军公布的信息不多，但引发的关注不小。外界对此次试验的目的进行了推测，主要涉及几点。

首先就是 EA-18G 会改装成为无人驾驶的电子战飞机吗？根据美国海军的规划，EA-18G 近期的发展分为 Block Ⅰ和 Block Ⅱ两个批次。当前海军使用的是 EA-18G Block Ⅰ型，Block Ⅱ 尚处于研制之中。Block Ⅰ配备了 ALQ-99 干扰吊舱、ALQ-218（V）2 接收机系统、ALQ-227 通信对抗设备以及 AGM-88 反辐射导弹。Block Ⅱ 将进行重大升级改进，重点是用"下一代干扰机"（NGJ）替换 ALQ-99 吊舱等，但其发展规划中并没有提出要进行无人飞行改装。此次试验是计划将部分 EA-18G 改为电子战无人机，还是利用 EA-18G 作为平台进

EA-18G 携带"下一代干扰机"中波段吊舱进行飞行试验

行无人演示试验，演练新的空中电子攻击模式？从目前 EA-18G 项目计划来看，后者可能性似乎更大。

其次，试验是否会对未来美国海军舰载机新的作战编队模式产生影响。按美军目前的无人作战发展计划，在可以预见的未来，美国航母编队在作战无人机的运用上基本上会采用有人–无人编队模式，通过有人驾驶飞机指挥无人机作战，而 EA-18G 特定的功能和作用决定了其作为有人机在指挥无人机上具有极大的优势，可以在指挥控制、态势感知、火力打击上实现更佳的组合。

此次参加试验的波音公司既是 EA-18G 的集成商，也是美国空军"忠诚僚机"项目和澳大利亚"空中力量编队系统"的主研商，通过吸纳美国空军和澳大利亚项目的经验，美国海军极有可能形成以 EA-18G 为核心的舰载机有人–无人编队攻击模式。

考虑到无人平台的特点以及防区内作战的任务需求，与 EA-18G 编组的无人平台可能会侧重于态势感知、侦察定位、诱饵、反辐射攻击等方面的能力。而有人 EA-18G 承担目标指示和电子攻击任务。

最后，此次试验是否与"美国海军综合防空火控"（NIFC-CA）构架有关？美国海军称 NIFC-CA 系统是海军编队防空作战的一次革命，实现了海军编队内主要防空传感器和防空武器的精密协同作战，显著提高了海军编队防空作战能力。NIFC-CA 的核心是加强战场态势感知和拓展协同目标定位的距离。在美国海军公布的 NIFA-CA 架构中，EA-18G 是其中的一个重要节点，而随着技术的发展，这个架构也在不断发展变化。当前进行的试验，其结果很有可能成为构建 NIFA-CA 新架构的依据，酝酿产生新的作战模式。

随着 EA-18G 的持续改进，尤其是"下一代干扰机"即将具备作战能力，EA-18G 在未来作战中将发挥更大的威力。此次 EA-18G 的无人飞行试验或许是对 EA-18G 未来应用的一次预演，背后孕育着什么新技术、新模式，值得高度关注。

电子战飞机： 在天空飞翔，在电磁空间战斗

在美国海军 NIFA-CA 架构中，
EA-18G 是其中的一个重要节点

袋鼠的"咆哮"
——澳大利亚 EA-18G 电子战飞机

电子战飞机： 在天空飞翔，在电磁空间战斗

　　外界对澳大利亚军事的印象，可能就是地广人稀而军力不强，顶多拥有世界二流的军队和装备。事实上，尽管澳大利亚现役总兵力不足 6 万，但装备精良，尤其在电子战领域，澳大利亚实力不弱，拥有远超其军事力量和国际地位的电子战作战能力。

澳大利亚是目前除美国外唯一装备了 EA-18G 的国家

袋鼠的"咆哮"——澳大利亚 EA-18G 电子战飞机

澳大利亚的电子战装备主要通过与美国合作开发或者从美国采购而来，澳大利亚与美国在电子战领域合作密切，美国海军著名的"纳尔卡"舰载舷外有源诱饵就是澳大利亚和美国联合研制的。不过，当2000年代中期澳大利亚提出要采购 EA-18G "咆哮者"电子战飞机时，还是让全球军界尤其是电子战界颇感意外。除了当时美国尚未列装 EA-18G 外，还有一个主要原因是美国对电子战系统的出口控制一向非常严格，即使对于盟国，美国对外军售的电子战装备往往也限于自卫和侦察系统，EA-6B 和 EF-111 这类电子攻击飞机是没有向任何一个盟国出口的。

不过，澳大利亚对 EA-18G "垂涎"已久。2006 年，随着澳大利亚 F/A-18AM/BM 战斗机日益老化，而采购的 F-35 一再推迟，澳大利亚决定购买 24 架 F/A-18F "超级大黄蜂"战斗机以弥补澳空军战斗机出现的空缺。2008 年，当 24 架"超级大黄蜂"还在美国波音公司生产时，澳大利亚政府就提出请求，希望将合同中的最后 12 架 F/A-18F 预留为 EA-18G 的配置。所以 24 架中有 12 架 F/A-18F 是按 EA-18G 的规格制造的，需要时只要装上 EA-18G 的驾驶舱和航电及相应的电子战设备就行了。2013 年 5 月，澳大利亚决定另行购买 12 架全新的 EA-18G，而不是之前由 12 架 F/A-18 改装的 EA-18G。此次军购获得了美国政府同意。

2015 年 7 月，波音公司在圣路易斯工厂举行仪式，庆祝澳大利亚空军首架 EA-18G 下线。该机先存放于美国，待澳大利亚 EA-18G 机组完成所有训练以后交付。

2017 年 2 月 28 日，编号 A4-305 和 A4-306 的两架 EA-18G 从美国惠德贝岛海军航空站首次飞抵澳大利亚，参加 2017 年澳大利亚国际航空展。澳大利亚国防部部长、空军司令和空军参谋长都出席了此次对 EA-18G 首次飞抵澳大利亚的欢迎仪式。

2015年7月29日,澳大利亚空军首架EA-18G在波音公司下线

袋鼠的"咆哮"——澳大利亚 EA-18G 电子战飞机

澳大利亚 EA-18G 电子战系统的配置与美军一样,包括 ALQ-99 干扰吊舱、AL218 接收系统和 AGM-88 反辐射导弹

2017 年 7 月 7 日,澳大利亚皇家空军采购的最后一架 EA-18G"咆哮者"抵达昆士兰州安伯利皇家空军基地。至此,12 架 EA-18G 全部交付澳大利亚空军。所有飞机隶属澳大利亚皇家空军第 6 中队,部署在澳大利亚皇家空军安伯利空军基地。

澳大利亚的 EA-18G 与美国海军的配置基本相同,包括 ALQ-99 干扰吊舱、ALQ-218 接收系统和 AGM-88 反辐射导弹。不过作为空军的飞机,澳军的 EA-18G 将另外加装 AN/ASQ-228"先进瞄准前视红外吊舱"(ATFIM)和 AIM-9X"响尾蛇"空空导弹。

澳大利亚对 EA-18G 寄予厚望。2015 年,澳大利亚空军制定了规划未来空中力量发展的"杰里科"计划,其中在电子战领域最重要的内容就是采购 EA-18G,通过 EA-18G 推动澳大利亚三军电子战系统、作战、训练、采办、维护和人员的全面转型提升。

为了能飞上 EA-18G，澳大利亚也是不惜血本。整个 EA-18G 项目耗资超过 35 亿美元。所有 EA-18G 机组人员都在美国惠德贝海军航空站 VAQ-129 中队接收训练，2015 年，首批 5 名机组从 VAQ-129 中队毕业之后，又被派往美国海军 EA-18G 远征中队实习两年。同时，为了在澳大利亚本土进行训练，澳大利亚还引进了 4 套战术作战飞行训练模拟装置，对 EA-18G 飞行员和电子战军官进行训练，并且从美国购置新型的"机动威胁训练辐射源系统"，用于模拟地面防空威胁。同时，澳大利亚将与美国合作开发用于 EA-18G 的 AN/ALQ-249"下一代干扰机"中波段（NGJ-MB）项目。当然，澳大利亚在其中可能更多是担任"金主"的角色。

2018 年 1 月 24 日，美国在内利斯空军基地举行"红旗军演 18-1"。作为美国的盟友，澳大利亚派出了 4 架 EA-18G 电子战机、1 架 E-7A 预警机、1 架 AP-3C 巡逻机以及 340 名地勤人员参加演习。但演习出师不利，1 月 27 日，编号为 A46-311 的 EA-18G 在起飞时发动机突然起火燃烧，飞行员安全撤离，但飞机损坏严重，无法修复。飞机于 8 月 15 日注销。澳大利亚还试图要求美国赔偿飞机损失，对此美国方面根本不予理会，认为完全是澳方的责任。最后，基于两军的"友谊"，美国国国务院 2021 年同意向澳大利亚再出售一架 EA-18G"咆哮者"，售价为 1.25 亿美元。预计将于 2023 年初交付。

在经历了十多年漫长的申请、生产、培训、交装和训练后，澳大利亚皇家空军于 2019 年 4 月宣布 EA-18G 具备初始作战能力。澳大利亚不仅成为美国之外唯一拥有 EA-18G 的国家，而且按澳大利亚的说法，正式拥有了部队级电子战能力，有能力对和平时期的国家任务或在局部有限低级别冲突中提供远远超出平台自卫的能力，将显著提高澳大利亚的电子攻击能力。同时宣布预计于 2022 年年中实现最终作战能力，确保能在确认的两个地点同时高节奏作战。

2019年4月,澳大利亚EA-18G正式具备初始作战能力

电子战飞机： 在天空飞翔，在电磁空间战斗

可能出乎普通人的认知，澳大利亚是个狂热的战争参与者，自1901年独立以来，澳大利亚参与了现代几乎所有的国际性战争，追随美国参加了朝鲜战争、越南战争、海湾战争、伊拉克战争、阿富汗战争等，不惜充当美国的"鹰爪"。EA-18G在澳大利亚的入役，无疑为其提供了更锋利的电子战"獠牙"。

袋鼠，按说算不上猛兽，不过跳得还是很高。

让你不能呼叫

——美国空军 EC-130H "罗盘呼叫" 干扰飞机

电子战飞机：在天空飞翔，在电磁空间战斗

美国空军拥有世界上最庞大的作战机群，专用电子攻击飞机是其中独特而重要的存在，在美军的军事行动中发挥了举足轻重的作用。不过，当前美国空军只剩唯一一型电子攻击飞机，数量也只有十几架，电子攻击飞机种类与数量已远远不能匹配其强大的空战能力与显赫的空战地位。

一架 EC-130H 正在执行训练任务

让你不能呼叫——美国空军 EC-130H "罗盘呼叫" 干扰飞机

美国空军这型唯一的电子攻击飞机就是 EC-130H "罗盘呼叫"飞机。EC-130H 采用洛克希德·马丁公司的 C-130H 运输机作为载机，由美国空军"大狩猎队"项目办公室负责研发，1981 年首飞，1982 年正式交付使用，1983 年形成初始作战能力，隶属美国空军空战司令部，数量长期保持在 14 架，由常驻亚利桑那州戴维斯 – 蒙森空军基地的美国空军第 55 电子战大队第 41 和第 43 电子战中队管理。

根据美国空军的官方介绍，"罗盘呼叫"具备拒止或扰乱作战对手无线电通信系统及传感器的能力，其作战目标是敌防空系统、语音/数据通信链路、低频预警和目标搜索防空雷达以及简易爆炸装置的射频触发信号等。除了正式披露的功能外，美空军目前也时不时向外透露，外界也在推测，EC-130H 可能还具备网络攻击能力。

2021 年 6 月 28 日，7 架 EC-130H 在亚利桑那州戴维斯 – 蒙森空军基地进行"大象漫步"

电子战飞机：在天空飞翔，在电磁空间战斗

如果说 EC-130H 的作用与能力尚没有完全披露的话，机上的装备就更不为外界所知了。EC-130H 至今已经服役约 40 年，期间经过了 Block 20、Block 30 和 Block 35 等多次重大改进，另外通过大量快速响应项目装备了多种专用系统，所以其机载系统型号各异、种类繁多，以至于在一段时间内，所有 14 架 EC-130H 中没有任何两架的配置是完全相同的。

EC-130H Block 20 于 1982 年首次部署，装备了"铆钉火力"系统。EC-130H Block 30 采用的是"罗盘呼叫"系统，并使用了大量专用干扰系统，包括 AN/ALQ-173 闪烁式干扰机、AN/ALQ-175 高波段干扰机和 AN/ALQ-198 低波段射频干扰机等。Block 35 上配备了新的工作站和任务计算机以及"战术射频截获与对抗子系统"（TRACS）、增强的"射频分发单元"（RFD）、"增强高频子系统"（EHBS）。经过 Block 30 升级后，EC-130H 还在每个机翼下携带两个高功率定向"矛"（特殊辐射源阵列，SPEAR）吊舱，能同时对多个辐射源实施干扰，精确度更高、作用距离更远。

2017 年，EC-130H 在西南亚的某基地

让你不能呼叫——美国空军 EC-130H "罗盘呼叫" 干扰飞机

目前 EC-130H 最新的配置为 Block 35 基线 1、基线 2，少数升级到基线 3。经过基线升级后，EC-130H 的性能得到进一步提升，并增加了一些未对外透露的"额外"功能。最新配置的飞机明显特征就是在飞机尾翼下方集成有一个天线阵列，用于发射通信干扰信号。

经过一系列升级改进后，EC-130H 从最初设计用于通信干扰，发展到可以对雷达进行探测和干扰，还能与 RC-135V/W "联合铆钉"飞机配合，为武器系统提供实时精确的目标指示，其定位精度和处理速度也得到极大改善。

EC-130H 机尾天线特写

电子战飞机： 在天空飞翔，在电磁空间战斗

EC-130H 机组成员共有 13 人，其中飞行机组包括驾驶员、副驾驶员、领航员和飞行工程师 4 人。任务机组 9 人，分别是 1 名任务机组指挥员（MCC）、1 名任务机组管理员（MCS）、1 名武器系统操作员（WSO）、1 名截获操作员（AO）、1 名机载维修技师（AMT）以及 4 名分析操作员（ANO）。

任务机组指挥员由电子战军官担任，负责整个电子战任务的指挥。任务机组管理员由经验丰富的密码与语言专家担任，负责监控并确定对敌方通信的搜索优先次序。武器系统操作员是负责操作干扰发射机的电子战军官，截获操作员的任务是搜索脉冲信号，机载维修技师负责维护平台上任务系统的正常运行以及与驾驶舱中的飞行工程师进行联络。分析操作员完成由任务机组管理员下达的任务，根据任务优先度列表搜索并侦听敌方的通信。分析操作员不仅要求熟练掌握侦察对象所使用的语言，而且还必须在第 55 电子战斗大队的语言实验室进行长期训练，成为熟悉目标国文化与政治等领域的专家。可以说，真正使 EC-130H 成为高需求平台的不仅是其干扰能力，而且也包括机上的电子战军官和语言专家。

EC-130H 共有 13 名机组成员

管理 EC-130H 的第 55 电子战斗大队第 41 和第 43 两个中队各自针对世界不同地区，第 41 中队主要是西班牙语、波斯语和阿拉伯语的语言专家，一般对美国南方司令部和中央司令部提供支持，而第 43 中队负责塞尔维亚-克罗地亚语、俄语、汉语和朝鲜语，负责为欧洲司令部和太平洋司令部提供支援。随着当前局势的变化，现在的任务通常会由两个中队共同组建特遣部队完成。

大多数通信干扰系统一般需要依靠预编程的辐射源数据库才能对探测到的通信目标进行干扰，而 EC-130H 与它们的不同之处在于飞机上的操作员身处战场，能够根据不断变化的态势进行快速反应。在任务执行过程中，如果敌方使用的是之前未使用过的新系统，"罗盘呼叫"机组人员通过对信号的侦听，能够判断该系统的重要程度，进而决定是否实施干扰。这也是为什么"罗盘呼叫"飞机对地面部队具有极高价值的原因。

除了能干扰通信和雷达外，EC-130H 还可能具有神秘的网络攻击能力。在 2015 年 9 月 15 日美国空军协会举办的航空航天会议上，美国空军负责网络攻击行动的第 24 航空队司令伯克·威尔逊少将就针对 EC-130H 指出，"我们已经进行了一系列演示试验，能够从空中接触网络目标并对其进行操控。"威尔逊少将指出，这种在飞行中进行的无线攻击能够"触及敌方网络，而这些网络在大多数情况下对传统的攻击方式是封闭的"。这是美国空军高层首次公开谈论通过无线手段攻击网络目标。2019 年 8 月 13 日，美国国会服务署在一份专题报告中指出："EC-130H 电子战飞机通常用于干扰敌方雷达及通信设备。但近年来，该机也被用于通过射频信号向无线设备发送计算机编码。""电子战与网络空间作战最显而易见的交叉点在于由作战部队通过发射计算机编码侵入敌方网络。在这类行动中，即便敌方网络是封闭的（没有连接到互联网），我方仍然能通过无线网络发射数据包。"但出于保密的原因，美国空战司令部拒绝就网络攻击任务发表评论。

尽管 EC-130H 在现代战场上的作用非常突出，但该机服役已经超过 40 年，机体严重老化。2017 年，美国空军宣布将采用新的平台对 EC-130H 进行机体替换，新飞机为 EC-37B，仍将被称为"罗盘呼叫"。

救了国防部长的命
——EC-130H 的作战应用

电子战飞机： 在天空飞翔，在电磁空间战斗

"'罗盘呼叫'救了我的命。"伊拉克战争期间，驻伊美军的一位将军如是说。

事情是这样的。2003年一天，驻伊美军海军陆战队的一位少将要离开军营去与当地的伊拉克部落首领见面，这件事在周边地区传得人人皆知。伊拉克武装游击队获悉此消息后就在其必经的道路上布设了简易爆炸装置（IED），准备对将军的车队进行伏击。不过，这个暗杀计划被美国空军EC-130H电子战飞机挫败。为确保车队的安全，驻扎在伊拉克的美国空军第43远征电子战斗中队派出一架EC-130飞机事先多次飞越美军的行进路线，发现并破坏了伊拉克游击队设置的遥控IED，保证了将军的安全。这位将军就是美国海军陆战队的詹姆斯·马蒂斯少将，由于在伊拉克的赫赫战功，他迅速得到晋升，最终在2007年成为上将，并于2017—2019年担任了美国国防部长。

事实上，在伊拉克战争期间，EC-130H完成的这种任务并不少，从2003年EC-130H参战到2010年8月最后一架"罗盘呼叫"撤离伊拉克，EC-130H至少成功阻止了100多次路边炸弹的爆炸，挽救了大量美军的生命。

EC-130H"罗盘呼叫"于1982年正式服役，服役后就持续参加了美国"红旗"军演以及在欧洲举行的一系列重大演习。EC-130H最初的设计目的是压制敌防空系统，所以服役后主要是在当时的西德与东德的边境地区巡航，监视华约国家部署的综合防空系统。准备一旦爆发战争，就对华约的防空系统实施干扰，阻断敌方飞行员与地面控制站之间的通信，并将敌机的位置信息传输给北约作战飞机以发动攻击。

1989年，美军对巴拿马发动"正义行动"（Operation Just Cause）。在这次行动中，EC-130H首次参加实战。从此以后，"罗盘呼叫"先后参与了美军在科索沃、海地、巴拿马、利比亚、伊拉克和阿富汗等地几乎每一次的军事行动，在海湾战争、科索沃战争、阿富汗战争、伊拉克战争中发挥了独特的重要作用，在经过一系列改进后，其功能也从最初的干扰数据链和综合防空系统，扩展到对简易爆炸装置、话音通信和远程雷达实施干扰。

一架 EC-130H 从西南亚某秘密地点的机场起飞,执行反恐作战

海湾战争中，EC-130H 主要负责对地面控制截击链路以及连接地空导弹和高炮系统的指挥链路实施干扰。在冲突初期，EC-130H 通常长时间在伊拉克领空外盘旋，阻塞伊军的通信，对盟军成功实施空袭提供支援。在"沙漠风暴"行动后期，则负责对盟军地面行动提供支持。其中在海夫吉战斗中，EC-130H 对伊军坦克部队的无线电通信实施干扰，完全阻断了伊军的通信，迫使伊军指挥员不得不经常停止行进，下车面对面传达命令。EC-130H 的干扰还严重削弱了伊军总部与野战部队之间的通信，最高指挥层不得不派士兵骑摩托车向部队传递命令。

科索沃战争中，北约军队在每轮空袭前半小时，就派出包括 EC-130H 在内的十几架电子战飞机，在南联盟导弹攻击区域外实施干扰，支援作战飞机突防并掩护其返航。战争期间，美国空军派出的 3 架 EC-130H 飞机基本每天都要升空，预定的作战航线上至少要安排一架 EC-130H 执行干扰任务。

在阿富汗战争中，"罗盘呼叫"是美国空军持续部署时间最长的飞机，承担了极其繁重的任务，总共执行了 7000 多次任务，飞行了 4 万多小时，通常一个飞行架次就长达 8~10 个小时。在阿富汗，EC-130H 完成的任务一部分是传统的通信干扰，另外超过一半的任务是干扰简易爆炸装置。此外，面对弱小的塔利班武装，美军还演练了一系列新技术和新战术，加强了 EC-130H "罗盘呼叫"和 EA-6B "徘徊者"干扰飞机与 RC-135 "联合铆钉"和 EP-3E 侦察飞机之间的实时信息共享和战术协调，如干扰飞机可以确定要干扰的频率并保证侦察飞机所监视的频谱不受干扰。EC-130H 可以请求 EA-6B 接管某一频率实施干扰，RC-135 也可以要求干扰飞机停止对某一频率的干扰以便能对其实施监控等。

在伊拉克战争中，"罗盘呼叫"再次得到高强度的运用。7 架 EC-130H 飞机参加了"伊拉克自由行动"，在最初部署的 6 个月里，"罗盘呼叫"参与了美军在伊拉克进行的所有重大作战行动，飞行了 220 多个架次，其中在 2003 年 3 月 19 日至 4 月 18 日一个月的时间里就飞行了 125 架次，累计作战飞行时间接近 2000 小时，对伊拉克军队各类通信的干扰达 6000 多次，其中典型任务的持续时间长达 13 个小时，而且一架飞机出动的间隔周期一般只有 8 小时。

伊拉克战争中，"罗盘呼叫"运用了新的战术，其干扰与美军的空袭进行了密切配合。美军的战斗轰炸机和特种作战部队对伊拉克的光纤通信采用"信息放牧"战术，迫使伊军使用无线电台进行通信。然后，"罗盘呼叫"对伊军大部分通信频段实施干扰，使其只能使用一小部分频率进行通信。而美军就对这部分频率进行侦察。美军这种"为利用而干扰"的战术，不但破坏了伊军的通信，而且获得了大量可直接用于作战的情报。

此外，"罗盘呼叫"飞机为美军攻占澳法半岛夺取四个油田立下了汗马功劳。在澳法半岛，伊拉克军队没能按计划放火焚烧事先准备好的油库。战后获悉，这是因为"罗盘呼叫"实施的通信干扰使当地伊军根本就没有接到最高层的命令。"罗盘呼叫"还破坏了伊军之间的协调行动，成功阻止了伊军在巴士拉到巴格达一线以及在提克里特等地试图对盟军发动的地面进攻。

EC-130H 近年来常期部署在西南亚执行反恐任务

电子战飞机：在天空飞翔，在电磁空间战斗

2010年,"罗盘呼叫"从伊拉克战事中撤出,但并没有立即结束作战部署。除了继续赴阿富汗执行任务外,还参加了2011年针对利比亚的空袭行动。从2002年到2014年,EC-130H"罗盘呼叫"机队总共飞行了10400个作战架次,累计64200小时。

2011年在巴基斯坦,EC-130H参与了美军击毙"基地"组织首领本·拉登的行动,为突进的直升机提供支持。

对于EC-130H在战场上的作用,美国国防部联合电子战中心一位退役军官讲:"EC-130H的详细功能没有对外透露,但当你了解其频谱范围、地理区域、目标类型以及发射机功率,你就知道它在美国整个武器库中是独一无二的。"

2020年1月15日,首架EC-130H(尾号1587)完成了最后一次飞行,正式退出现役。这架飞机在服役期间共飞行了近2.9万小时,其中1.1万小时是对美国在全球的反恐战争提供作战支援。

第55电子作战大队指挥官菲利普·阿跨罗上校在该机退役仪式上讲:"这架飞机提供了精确的电子火力,以破坏我们对手的指挥控制网,并拯救世界各地美国及其盟军士兵的生命。它表现出色,今天是值得骄傲的一天,向它的最后一次飞行致敬。"

2021年11月16日,尾号1587的"罗盘呼叫"在服役37年后退役,成为首架退役的EC-130H

新瓶子装"老"酒
——美国空军 EC-37B 新"罗盘呼叫"

电子战飞机： 在天空飞翔，在电磁空间战斗

2021年8月25日，在美国佐治亚州萨凡纳的一个机场，一架喷涂着测试用绿漆的"湾流G550"飞机腾空而起。

在全球知名公务机制造商湾流公司的这个内部机场，人们早已对各种测试机的起降司空见惯。不过对美国空军而言，这次飞行却具有特殊意义，因为这是美国空军新型电子干扰飞机的首次飞行。

这型飞机就是用于替代EC-130H的新"罗盘呼叫"EC-37B。严格意义上讲，EC-37B并非一种全新的飞机，它更多地是用了一个"新瓶子"装上原来的"酒"，当然酒也不完全是老酒，还是增加了一些新料。

针对日趋老化的EC-130H，美国空军并没有打算研制一种全新的飞机对其进行替换，而是准备采用"跨甲板"（Crossdeck）的方式将EC-130H上的任务系统迁移到新的"湾流G550"飞机上。"跨甲板"是美国海军的一个术语，以前指两舰之间共享资源，现在多指两艘或多艘航空母舰共同作战时，一艘航空母舰上的飞机在另一艘航空母舰上起降。

美国空军对EC-130H"跨甲板"的迁移工作分为两个阶段，第一阶段就是由湾流公司对G550商务机进行改造，重点改造其机头和机尾以及在机身侧面安装天线罩及其阵列。在完成首次飞行后，湾流公司对改造后的G550进行了密集的飞行测试，确保新飞机的结构稳定性和适航安全。第二阶段由L3哈里斯公司在位于德克萨斯韦科的工厂中进行，主要是在机舱内安装乘员控制台和工作站。

2021年8月25日，EC-37B首次试飞

2022年8月17日，第一架改装完成的EC-37B在美国空军第55空军联队所在的亚利桑那州戴维斯-蒙森空军基地亮相，引起了媒体的广泛关注。

相比EC-130H，新的G550平台提高了速度和续航能力，扩大了电子战系统的作用距离，可以在远离威胁的区域工作，显著提高了平台的生存能力。EC-37B换了新平台，但传承了EC-130H的"基因"。在新"外形"下，内部的"器官"主要还是从以前的飞机上移植过来的。美军指出，EC-37B上的任务系统有70%是从老飞机上拆下移装或改装而来的，其中EC-130H上特征最明显的"矛"吊舱则被移植安装到EC-37侧面"脸颊"的凸起中。

尽管新平台上安装的大多数是老式的任务系统设备，但采用了新的模块化开放系统架构，可以快速集成新技术，以降低未来升级的整体成本。新平台提供的尺寸、重量和功率允许用户为不断变化的任务需求添加新的功能。新飞机最大的性能提升是具有了一个更加智能的"大脑"，也就是BAE系统公司研制的"军刀"（"小型自适应电子资源数据库"，英文简称SABER）技术。

2022 年 8 月，EC-37B 首次在美国空军基地亮相

与此前 EC-130H 上的"铆钉火力"和"罗盘呼叫"系统相比,"军刀"是一次巨大的技术进步,实现了将 EC-130H 从基于硬件的电子战能力转变为基于软件的电磁频谱作战能力。该系统建立在一系列软件定义无线电基础之上,采用了开放式系统架构,是新"罗盘呼叫"作战系统的核心。

在湾流公司和 L3 公司紧锣密鼓地进行飞机改造和任务系统移植的同时,BAE 系统公司与美国空军一起对"军刀"技术进行了密集的测试验证。2020 年 10 月到 11 月,BAE 系统公司在美国空军戴维斯-蒙森空军基地就进行了 11 次飞行测试,重点集中在动态资源共享、快速软件集成、多应用程序的运行以及同时交战能力等方面。

动态资源共享通过重新配置软件,使机组人员能够根据不同的任务需求对资源进行动态重分配,以在不同的任务时间应对不同的目标。多应用运行能力使机组人员可以同时运行不同的应用。2021 年 4 月,BAE 系统公司宣布"军刀"技术的飞行测试顺利结束。

BAE 公司指出,EC-37B 需要同时对抗多个不同的威胁,新"罗盘呼叫"的基础是软件,通过软件更新就能快速集成新的功能,应对电磁频谱中不断出现的新威胁,这是以往冗长的硬件开发所不能实现的。同时任务系统的模块化架构意味着它不仅用于传统和非对称的作战环境,并且还具有现代数字信号处理功能,确保能对更复杂的任务提供支持。

向基于软件的电磁频谱作战的转变带来的另一个优势就是可以减少完成不同任务的硬件配置。"军刀"系统的软件无线电可以根据不同的任务需求进行重新配置,以减少所需要的设备类型和数量,在减轻重量的同时具备更大的灵活性,不需增加硬件就能提供高端能力以应对新出现的威胁。

"军刀"系统让新飞机变得类似于手机,可以通过各种应用程序(APP),增加新的功能应用,从而更快地应对新出现的威胁。通过快速软件集成能力,目前 BAE 公司已经集成了多个第三方应用软件。

电子战飞机： 在天空飞翔，在电磁空间战斗

美国空军计划采购 10 架 EC-37B 以替换当前的 EC-130H 机群。相比当前 EC-130H 采用的基线 2 配置，EC-37B 中前 5 架将采用 EC-130H 的基线 3 配置以及"先进雷达对抗系统"（ARCS）和其他重大能力升级。后 5 架将使用新开发的基线 4 配置，基线 4 的核心是开放式可重构动态架构（SWORD-A），同时还引入了新的低频干扰系统，预计在 2027 年交付。

EC-37B 将给美军空中电子攻击带来新的优势。新的飞行平台能提供更远的防区外干扰能力。EC-130H 的飞行速度约为 480 千米 / 小时，升限约为 7.6 千米，而湾流 G550 的飞行高度可达 12 千米，飞行速度更是 EC-130H 的两倍。飞行速度和高度的提升就意味着覆盖范围更大，作战距离更远。同时新平台的维护成本也更低，更加经济。"军刀"系统和新的升级改进将通过软件赋能进一步提升 EC-37B 的作战能力。

在不久的将来，随着 EC-37B 的服役，美军将形成由 EC-37B "罗盘呼叫"、F-16CJ "野鼬鼠"和海军 EA-18G "咆哮者"构成的对敌防空压制新的"三套马车"。

一波三折
——EC-37B 的发展

美国空军 EC-37B 的发展备受关注，不过整个过程并非一帆风顺，而是充满了戏剧性的变化，可谓一波三折。

美国空军 EC-130H "罗盘呼叫"飞机于 20 世纪 80 年代服役，到 2020 年前后陆续到达机身的使用寿命年限，空军从 2015 年开始就谋划用新的飞机替代逐渐老化的 EC-130H。在经历一系列波折后，2017 年 9 月 7 日，美国空军授予 L3 哈里斯公司一项称为 EC-X 的项目合同，开发新的飞机以替代 EC-130H。新飞机称为 EC-37B，于 2021 年 8 月完成首飞，计划于 2023 年初进行作战测试，2024 年开始部署。

第一次风波发生在 EC-130H 退役上。

2014年，美国空军提出要将 EC-130H 全部退役

电子战飞机： 在天空飞翔，在电磁空间战斗

2014 年，美国空军在没有任何替代方案的情况下，突然提出要将 EC-130H 全部退役，这让外界感到震惊。EC-130H 作为一种数量稀少但需求巨大的电子战飞机，在美军作战中发挥着举足轻重的作用，在历次作战中得到广泛应用，执行了多种电子攻击任务，从干扰敌方的话音通信系统到挫败敌方的简易爆炸装置等不一而足。在毫无征兆的情况下，美国空军在 2015 财年预算申请中突然提出要削减对 EC-130H 的所有投资，退役整个机群，这让国防部、其他军种以及国会、工业界大感惊诧。

当然，美国空军的本意并非真正想让这些飞机从空军的装备序列中消失，而是其面临国防预算缩减玩的一把"以退为进"的把戏。裁撤 EC-130H 这种对作战人员而言紧急而必要的装备预算，是要将预算内的经费留给空军那些优先度不太高的项目，迫使国会通过额外的经费为 EC-130H 项目追加投资，以达到为本军种争取更多预算的目的，算是一种"预算险中求"。

美国空军裁撤 EC-130H 经费的底气源于 EC-130H 在战场上的杰出表现，作为一种支援三军联合作战的重要电子战装备，EC-130H 在 21 世纪的阿富汗和叙利亚反恐战场上为陆军、海军陆战队和特种作战部队提供了强有力的支持，空军认为这些军种或部队获益最大，即使空军提出要砍掉这些飞机，美国各作战司令部以及特种作战司令部都会为没了"罗盘呼叫"飞机而呼吁。美国空军的心思其实各方也心知肚明，不过这一招依然凑效。美国参众两院随后讨论了美国空军退役 EC-130 的事，高度关注 EC-130H 的替代方案并为其在预算中另外安排了经费。

第二次风波是由替代飞机平台选择引发的。

2015 年，美国空军正式决定采用新飞机替代 EC-130H，方案是将 EC-130H 上现有的任务系统移植到新的飞机平台上，并选定 L-3 技术公司作为新飞机的集成商，BAE 系统公司负责机载任务系统的开发。

不过新载机平台的选择却引发了争端。参与新载机平台竞争的有加拿大庞巴迪公司、美国波音公司和湾流宇航公司。三家公司提出的平台分别是"环球6000"、波音737以及"湾流"G550飞机。经过一系列竞标后，2016年5月，美国空军宣布选定"湾流"G550作为EC-130H的新平台，这引起了波音公司和庞巴迪公司的抗议。为平息美国空军这两家飞机大供应商的不满，空军在2017年5月决定不指定具体的载机平台，将平台的选择权交与系统集成商，由L3技术公司自行决定选用哪种新平台。该决定一经宣布，波音公司和庞巴迪公司就直接向美国政府问责局提交了抗议，美国政府问责局最终以证据不足为由驳回了这两家公司的抗议，维持了美国空军的决定。L3公司最终选定"湾流"G550作为EC-37B的载机平台。

EC-37B选定"湾流"G550作为载机平台

电子战飞机： 在天空飞翔，在电磁空间战斗

美国电子战行业竞争激烈。许多重大项目，比如"下一代干扰机""电子战规划与管理工具"等合同的授出，都曾引发竞争失利方的抗议。但这次合同风波却透出不同的意味。EC-37B 飞机平台合同之所以引发了飞机制造商的抗议，是因为它授权任务系统集成商自行选择平台，这在电子任务飞机研制及改进项目中是很罕见的。以往的惯例要么是由平台制造商来选择任务系统，要么空军先选定平台，再集成任务系统。波音公司和庞巴迪公司向美国政府问责局提交抗议，提出的理由是 L-3 公司与湾流公司既往存在深入的合作关系，将导致不公平的竞争结果。实质上是对授权任务系统集成商自行选择平台的做法感到不满。

EC-37B 合同的授出在一定程度上反映了平台与任务载荷之间的关系正在发生变化，任务系统在装备研制中所占的比重越来越大，任务系统研制商将更多地承担项目总集成的任务。就 EC-37B 而言，它是一架携带电子战装备的飞机，还是一种能飞的电子战系统？尽管两者发挥的作用可能相同，但不同的认识会对系统研制带来巨大的变化。

EC-37B 将沿用 EC-130H 上大部分电子装备

EC-37B 计划于 2024 年服役

第三次波折则出现在对 EC-37B 的采购上。

为更换现役的 14 架 EC-130H，美国空军提出要采办 10 架 EC-37B，并一直以此为标准采购"湾流"G550 飞机。其中，2017 财年和 2018 财年分别采购了 1 架，2019 财年美国国会要求空军加快采购，于是空军在 2019 财年安排了 2 架的采购计划，从 2020 财年起，空军又恢复了每年 1 架的节奏，到 2021 年，美国空军共采购了 6 架 G550，计划到 2025 年前完成全部 10 架 G550 的采购。但在 2022 财年中美国空军决定推迟购买第 7 架 EC-37B，在 2023 财年中，美国空军甚至没有提出对 G550 的采办预算申请。

这再一次引发了关注，尽管这很可能是 2015 财年美国空军提出退役 EC-130H 的一个翻版，很大程度上是在故伎重演。但这种策略再次凑效。2022 年 6 月，美国国会通过了对 2023 财年国防授权法案增加 370 亿美元的修正方案。其中增加了 8.837 亿美元的经费，用于采购 4 架 EC-37B 飞机。凭借 EC-130H 的独特的地位和重要作用，美国空军为 EC-37B 争取到了更多的预算。

2020 年 5 月，美国空军开始退役 EC-130H，到 2021 年年底，在役的 EC-130H 只剩下 9 架。而 EC-37B 的研制一再延期，谁也不清楚是否还会出现其他什么波折。

短暂而辉煌
——美国空军 EF-111A "渡鸦" 电子战飞机

电子战飞机： 在天空飞翔，在电磁空间战斗

EF-111A 是美国空军 20 世纪 80~90 年代使用的专用电子干扰飞机，外号"渡鸦"，由格鲁曼公司研制，机体采用通用动力公司的 F-111A。该机于 1975 年 1 月开始研制，1981 年 11 月交付。美国空军共采购了 42 架。相比其他电子战飞机，"渡鸦"的服役年限要短很多，1998 年 5 月，EF-111A 从美国空军退役。

美国空军第 42 电子战斗中队的一架 EF-111A

EF-111A 的主要任务是对敌方雷达进行定位和干扰，为己方攻击飞机提供保护。该机不携带武器，依靠自身的电子战装备对敌雷达实施软杀伤，同时凭借速度和机载自卫系统躲避敌方的攻击，其作战方式主要有三种：

EF-111A 的主要任务是为攻击机群提供电子掩护

第一是随队干扰，执行此任务时，EF-111A 通常与战斗机编队一起或者稍微领先于编队飞行，伴随攻击机群对敌发动攻击，负责干扰敌方的炮瞄雷达和防空导弹的制导系统。进入作战区域后，开始低空飞行，然后急速跃升，对威胁雷达实施干扰，并保持足够长的时间，确保战斗机完成攻击任务并安全撤离。

第二是近距离干扰，也称为防区内干扰。通常由几架 EF-111A 一起在距离战区前沿数十千米处沿环形轨道飞行，掩护己方攻击飞机进出战区。

第三是远距离干扰，也称为防区外干扰，就是在敌方武器射程之外实施干扰。此任务通常用于保护加油机、预警机和侦察机等大型飞机。

在大规模作战行动中，有时会派出多架 EF-111A，执行不同的干扰任务。

在 EF-111A 的三种任务中，最核心的是发挥其高速机动的优势，伴随攻击机群一起飞行，对攻击机群提供随队干扰和近距离干扰。EF-111A 能与美国空军当时在役的所有战术飞机编队飞行，为其提供电子干扰支援。

一架 EF-111A 电子战飞机与三架 F-111E 编队飞行

EF-111A 为双座飞机，机体和发动机与 F-111A 基本相同，但改进了发电机，改装了武器舱，并在垂尾翼尖加装了电子干扰舱，同时加装了机腹下舱。座舱沿用了 F-111 的结构但进行了改进，飞行员的飞行和导航仪表以及操纵系统全部集中到左侧，电子战系统的仪表和控制装置位于右侧，由电子战军官操控。

EF-111A 的机组包括 1 名飞行员和 1 名电子战军官，两者任务互相独立。飞行员负责驾驶飞机，不参与电子战任务和设备的具体应用，而电子战军官则需要了解飞机及其系统并要负责飞行导航。飞行员和电子战军官一起进行战前的任务规划。

EF-111A 驾驶舱中左侧为飞行座舱，右侧为电子战座舱

"渡鸦"飞机的核心装备是雷声公司研制的 AN/ALQ-99E 战术干扰系统，它由海军 EA-6B 的 ALQ-99 改进而来。该系统具备 10 部发射机，集中安装在机腹一个 4.9 米长的"独木舟"形整流罩内。每台发射机的发射功率介于 1000~3000 瓦之间，由电子战军官负责编程。

ALQ-99E 的接收机安装在垂尾顶部的整流罩中。整个系统的电子组件安装在飞机弹舱中。除 ALQ-99E 外，EF-111A 的电子战装备还有 AN/ALQ-137 欺骗干扰系统、AN/ALR-62 数字雷达告警接收机、AN/ALE-40 干扰物投放系统等。

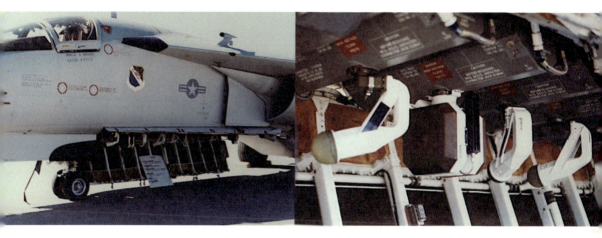

ALQ-99E 干扰发射机安装在 EF-111A 机腹独木舟形的整流罩中

无论是飞行性能还是电子战能力，EF-111A 都卓越超群。不过在其服役生涯中，却只参加过两次实战。

1986 年 4 月 14 日，美国以打击恐怖主义为由对利比亚发动了代号为"黄金峡谷行动"的空袭。美国空军第 48 战斗机联队的 24 架 F-111F 和第 42 电子战中队的 5 架 EF-111A 从英国起飞，对利比亚首都的黎波里的三处目标实施轰炸。美国海军部署在地中海的第六舰队也从"珊瑚海"和"美国"号航空母舰上起飞了 14 架 A-6E、6 架 A-7E 以及 2 架 EA-6B 电子战飞机对班加西的 2 个目标进行了攻击。

4 月 14 日晚 7 时，24 架 F-111F 和 5 架 EF-111A 分别从拉肯希思空军基地、郝福德空军基地起飞，这是一次往返 5000 多千米、需要进行多次空中加油的艰巨作战任务。美国空军派出一个由 40 架

KC-10 和 KC-135 组成的庞大加油机编队。在经过第一次加油后，作为备份的 6 架 F-111F 和 1 架 EF-111A 返回，18 架 F-111F 和 4 架 EF-111A 继续前行。4 月 15 日凌晨 2 点左右，在经过 4 次加油、7 个多小时的飞行后，6 个各由 3 架 F-111F 组成的飞行分队对的黎波里的目标发起了攻击。攻击前 10 分钟左右，2 架 EF-111A 进入的黎波里海岸附近的低空轨道实施干扰，大部分 F-111F 都从该处发动攻击，第三架 EF-111A 继续向东飞向另一个近距离干扰区域，以掩护对的黎波里国际机场实施攻击的 F-111F。剩余的一架 EF-111A 作为备份。

干扰开始后，利比亚就受到强烈的电子压制，雷达致盲、通信中断、指挥失灵，防空系统陷于瘫痪。空袭进行几分钟后，叙利亚的防空火力才开始反击，但由于受到干扰，反击的收效甚微。

空袭历时 11 分钟，美国空军摧毁了预定目标，一架 F-111F 被利比亚发射的地空导弹击落。

"黄金峡谷"行动是世界战争史上首次"外科手术"式精确打击战例，也成为美军电子战引以为荣的经典战例。EF-111A "渡鸦" 电子战飞机的干扰能力得到了实战验证。

EF-111A 再一次登上战争的舞台是 1991 年海湾战争。美国空军第 390 电子战斗中队的 18 架 EF-111A 以及第 42 电子战斗中队的 6 架 EF-111A 参加了战斗，为盟军飞机提供了有力的干扰支援。其中 42 电子战斗中队的 EF-111A 飞行了 471 架次作战任务，共计 1859 小时。390 中队的 EF-111A 飞行 900 余架次。海湾战争中，盟军共损失了 38 架固定翼飞机，其中 3 架是被雷达制导导弹击中，但在 EF-111A 的保护范围内，盟军没有损失一架飞机。

在海湾战争中，在 EF-111A 飞机上发生了两件大事。一是 EF-111A 首次也是唯一一次"击落"敌方飞机，二是 EF-111A 首次被击落。

1 月 17 日，"沙漠风暴"行动首日，两架 EF-111A 飞机作为支

"沙漠风暴"行动中,EF-111A伴随F-111F空袭机群

援美国F-15E和英国皇家空军"旋风"战斗机的干扰飞机,对伊拉克西部的"飞毛腿"导弹阵地发动攻击。其中一架EF-111A 66-0016取得了战争中首个"击落"敌机的战绩。当时,这架EF-111A正对F-15E"攻击鹰"提供支援,结果被一架伊拉克空军"幻影"F1盯上。"渡鸦"拼命释放箔条和曳光弹,躲过了对方飞机发射的一枚导弹,然后迅速俯冲到低空,"幻影"F1在追击中失控,撞向沙漠坠毁。

EF-111A的战损发生在2月14日,EF-111A 66-0023在穿越沙特阿拉伯边境后不久坠毁,两名机组成员死亡。坠机的原因据分析可能是被己方战斗机错误锁定,EF-111A认为遭到了伊军米格战机跟踪,进行紧急机动躲避而撞到了沙漠。

就这样,海湾战争中,EF-111A的作战经历以"击落"一架敌机和被"击落"一架而结束。

此后,在20世纪90年代中期,EF-111A还部署到意大利以支持

电子战飞机： 在天空飞翔，在电磁空间战斗

"蓄意部队"行动，并在"南北守望行动"中执行任务。尽管服役时间不长，但 EF-111A 的战斗生涯也算辉煌。

飞机座舱下的标识显示美国空军第 42 电子战斗中队编号为 66-0037 的 EF-111A 在海湾战争中共执行了 37 次干扰任务

一型飞机退役引发的"血案"
——EF-111A 退役及其影响

电子战飞机：在天空飞翔，在电磁空间战斗

在美军电子战发展历程中，空军历来都是发展最快、技术最强、装备最多、应用最广的军种。与其他作战域相比，电子战对空域的战斗贡献最大，战绩也最突出。从越南战争、到"黄金峡谷"行动，再到第一次海湾战争，美国空军电子战应用日渐完善与娴熟，达到一个巅峰。

不过，伴随着伊拉克上空电子战的巨大胜利以及冷战的结束，美国空军电子战开始了长达二十多年的停滞。有人讲，美国空军电子战的衰落以 EF-111A 和 F-4G 两型电子战飞机的退役为标志的。这虽不是什么官方的正式结论，但却不无道理。

越战后，随着 EB-57 和 EB-66 电子战飞机的退役，美国海军的 EA-6B 就成为美军唯一的空中干扰平台。出于军种竞争的原因，空军并不想使用海军的 EA-6B，找出一堆理由，指该机在航程、战场滞空时间和速度等方面均不能满足空军的作战需求，提出要研发自己的电子战飞机，但又没有足够的资金去研制全新的电子战飞机，1974 年，美国空军选定格鲁曼公司，要求将两架 F-111A "土豚"战斗轰炸机改装为 EF-111A 电子战飞机。但研发遇到了很多困难，在经历了长时间的拖延之后，1981 年第一架 EF-111A 终于正式入役爱达荷州芒廷霍姆空军基地第 388 战术战斗机联队。

1984年，飞行中的一架EF-111A

在EF-111A服役之际，美国空军官方刊物《空军杂志》还特地刊登了一篇题为"电子战的新时代"的文章。仅从标题就可以看出空军当时高度看重EF-111A以及它所代表的先进电子战能力。文章引述时任美国空军系统司令部航空系统分部司令斯坎策中将的话讲："没有压制敌方雷达系统的能力，我们就会损失宝贵的飞机以及更加宝贵的飞行员。如果没有能力去攻击目标，我们就会输掉空战，而输掉了空战，就输掉了整个战争，这再简单不过了。"在谈及EF-111A的优势时，文章指出，该飞机的能力完全可以应对下个世纪的威胁。

不过，EF-111A终究没能飞翔在21世纪的天空。尽管在1986年"黄金峡谷"行动和1991年"沙漠风暴"行动中，EF-111A功勋卓著，与EA-6B一起为众多战机保驾护航，而且其最高马赫数2.02的飞行速度还能为攻击机群提供独特的随队干扰能力。但这些并没有阻止EF-111A的退役，1998年5月2日，EF-111A全部退出美国空军现役。

虽然在实战中，EF-111A暴露出了诸如缺乏反辐射攻击能力以及自卫能力不足等诸多问题，但美国空军EF-111A的退役如果不能说成

"沙漠风暴"行动中,部署在沙特阿拉伯的两架 EF-111A

是被海军"忽悠"了的话,至少是空军对电子飞机的认识出现了偏差,导致草率做出了退役的决定。

据说冷战结束后,美军开始裁撤电子战力量,1995 年对电子战飞机进行了一次"盘点",美国海军提出该军种对 EA-6B 的需求大约为 80 架,美国空军提出需要 20 架左右的 EF-111A,而当时 EA-6B 的库存大约是 130 架,于是美国海军就建议用多出来的 EA-6B 为空军提供支援干扰任务。按空军的做派,肯定是不愿意使用海军的"盐水机"的,但空军此时正大力发展隐身飞机,认为隐身可以替代干扰来应对雷达,于是就选择放弃 EF-111A。1996 年,EF-111A 开始退役,美军唯一的一型随队电子干扰飞机 EF-111A 就这样退出了历史的舞台,曾经声名显赫的"大鸦"渐渐被人们淡忘。

如果对美军整体而言,EA-6B 尚能弥补 EF-111A 退役留下的部分能力空缺的话,对于空军这一军种却不啻是场"灾难",引发了一系列"血案"。

1998 年在科索沃战争中,美军一架先进的 F-117 隐身战斗机被雷达制导导弹击落,成为历史上首架在作战中被击落的隐身飞机。分析认为,该机被击落的主要原因是当时 F-117 处于 EA-6B 覆盖范围之外,未能得到 EA-6B 的干扰支援。

隐身飞机的坠落让美军震动。1999 年 8 月,美军投资 1600 万美元开展了"联合机载电子攻击备选分析"项目,由国防部、空军、海军、

退役后的 EF-111A 被送入亚利桑那州戴维斯-蒙森空军基地"飞机坟场"

电子战飞机：在天空飞翔，在电磁空间战斗

工业部门人员组成的研究小组经过 18 个月的工作，提交了一份长达 2000 页的机密报告，对未来空中电子攻击的作战需求、威胁、技术、平台及成本等进行了全方位研究。美国空军、海军和海军陆战队都提出了各自的机载电子攻击方案。空军的方案包括利用无人机、B-52、商用机以及 F-35 改装为电子战飞机。美国海军提出在 F/A-18F 的基础上研发 EA-18G 电子战飞机。到 2009 年，十年时间过去了，美国海军选定的 EA-18G 都已上天，空军的电子战飞机依然不见踪影，即使是纸上方案都不能最终确定。曾经最有希望的 EB-52 电子战飞机终因预算增长过快而被迫中断，空军雄心勃勃的电子战飞机项目最终折翼。

这些都与美国空军过早退役了 EF-111A 有关吗？

也许是。因为 EF-111A 的退役并不仅仅是减少了一型装备那么简单，更重要的是它动摇了空中作战对电子战的信念，也导致整个军种电子战意识变得淡薄，对电子战的认识和理解出现偏差，同时一大批电子战专业人员的流失导致空军在电子战规划、管理、训练、部队、研发、采办上发展不力，连锁性地导致整个军种的电子战能力螺旋式下滑。自 EF-111A 退役，美国空军在电子战方面的表现一直欠佳，"处于某种混乱之中"。

有美军高层就曾毫不避讳地指出，美军最优秀的电子战人才在海军。的确，与美国空军电子战飞机项目久拖不决截然不同，美国海军除了对 EA-6B 不断进行升级改进外，EA-18G 的项目也顺利开展并如期列装部队，完成了对 EA-6B 的替代。

现代电磁作战环境的不断演进以及 EA-18G 的广泛应用让美空军意识到仅依靠隐身是难以夺取电磁频谱优势的，电子干扰飞机不可或缺。

痛定思痛，美国空军开始大力发展电子战飞机。近年来，随着美国国防部采取一系列举措重塑电磁频谱优势，空军成为最积极响应国防部电磁频谱作战动议、在电子战发展上举措最多、步伐最快的军种。只是，电子战飞机的研制非一朝一夕就能达成，迄今美国空军仍在电子攻击飞机上苦苦探索。

没能等来的起飞
——美国空军 EB-52 电子干扰飞机

电子战飞机：在天空飞翔，在电磁空间战斗

曾经，有一型电子战飞机呈现在美国空军面前，美国空军没有珍惜，很多年后则追悔莫及。

这型飞机就是EB-52电子战飞机。

1998年，美国空军EF-111A电子战飞机退役。自此空军的空中电子干扰支援就主要由海军的EA-6B以及后来的EA-18G提供，这种状况一直延续至今而且还将继续。从多军种联合作战的角度来讲，这很正常，并没有什么特别值得一提的，不过对于拥有世界最强大空中力量的美国空军而言，其作战飞机还需要海军飞机的支援与保护，则多少是个不容易解开的心结。

从1998年到现在，美国空军并不是没有寻求发展自己的电子干扰飞机，其中EB-52就是其中最有希望的一型，只不过空军没有能很好地把握机会，导致该型飞机最终夭折。

2000年前后，面对日趋老化的EA-6B，美国国防部开始考虑后续的替代飞机方案，开展了广泛的"机载电子攻击备选方案"研究以确定未来的机载电子攻击能力。美国空军、海军和海军陆战队都提出了各自的解决方案。海军和海军陆战队的方案主要是依靠EA-18G来完成电子攻击任务，空军则提出了用无人机、B-52、商用机以及F-35改装为电子战飞机等多种方案，其中最有希望的是B-52电子战飞机，将B-52H"同温层堡垒"战略轰炸机通过加挂电子干扰吊舱改装成电子干扰飞机。

B-52被认为是实施远程防区外干扰的理想平台

B-52轰炸机是一种远程重型轰炸机，作为美国空军的主力战略轰炸力量已经服役了几十年。之所以选定B-52H，是因为B-52不仅在响应能力、飞行距离、滞空时间上能满足空中远距离电子干扰的要求，可为新的电子战装备提供足够的空间和供电，而且不需要改变其武器装备配置，是提供防区外干扰能力的理想平台。

2002年，美国空军启动了B-52防区外干扰飞机（SOJ）计划。新的飞机被称为EB-52，也称为B-52J。美国空军指出，EB-52与海军的EA-6B不同，它将作为远距离干扰系统，在高空和远离目标的区域遂行电子攻击任务。EB-52不仅具备远程电子干扰能力，而且将成为美军机载电子攻击系统之系统的核心，承担美军未来综合电子战网络中管理者的角色，具备管理战场中包括EA-6B、EA-18G以及电子战无人机等在役和计划中各种电子战平台的能力。此外，挂载干扰吊舱后，EB-52仍可携带空射导弹等打击武器实施轰炸和攻击。美国空军计划到2014年改装16架B-52，并最终使76架B-52H具备远距干扰能力，并为这些飞机生产36套双吊舱组件。

电子战飞机：在天空飞翔，在电磁空间战斗

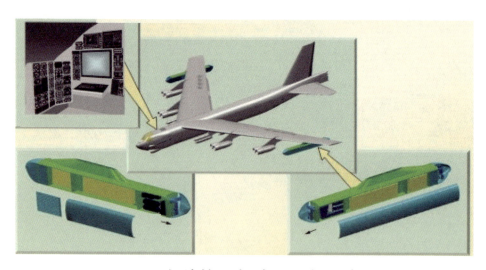

EB-52 上的核心部件干扰机示意图

2005 年 11 月，B-52 改装进入了实质阶段，美国国防部对 B-52 防区外干扰飞机的核心，即电子干扰吊舱进行了评审。但 EB-52 项目的费用严重超支，从最初计划的 10 亿美元增加到了近 70 亿美元，面对如此高昂的成本，美国空军不得不宣布取消该项目。

2006 年 10 月，美国国会希望空军能继续防区外电子干扰项目的开发，于是空军对 EB-52 项目进行了重新设计，缩减了部分作战需求，提出了规模相对较小的 B-52 "核心部件干扰机"（CCJ）计划，经费也降低到大约 33 亿美元，内容包括改装 30 架 B-52H，在 2012 年将首个 B-52 CCJ 飞机改装完毕并投入使用，在 2019 年之前采购大约 24 个吊舱。

B-52 CCJ 项目遭到了美国海军和海军陆战队的抨击，认为美国空军拟定的时间框架既不合理也不现实。尽管如此，美国空军还是在 2008 年 6 月授出了为期 3 年、价值约 6000 万美元的 CCJ 研发合同。但专家指出，美国空军在机载电子干扰上的投入太少，6000 万的合同金额经费远远不够，与 F-22、B-2 以及 F-35 同类项目十亿美元级别的经费相比，说明尽管美国空军对电子干扰飞机的需求迫切，不过对空中电子干扰的重视程度依然不够。

虽然 EB-52 项目经费严重超支而且进度滞后，但其技术方案上在当时应该是相当先进的。EB-52 的电子战装备主要包括 B-52 机翼下的两个大吊舱。每个吊舱长约 40 英尺（12.19 米），重 2250 千克，与一个装满燃油的副油箱相当。在研发商提出的方案中，两个吊舱都具有面向外侧的有源电子扫描阵列，其中一个用于主动扫描、搜索敌人目标，并发射干扰脉冲，另一个则用于无源监控友军，提供其位置和电子活动的态势感知信息。EB-52 干扰功率非常大，一架 EB-52 号称相当于 6 架 EA-6B，令人"恐怖"的大功率将对敌方雷达系统进行"碾压"式干扰。在干扰频段上，EB-52 可以对两个低波段和一个中波段实施干扰，尤其是其低频段干扰功能，能有效应对在低频段工作的敌方预警和地面控制截获雷达，降低这些雷达对美隐身战斗机的威胁。在干扰能力上，吊舱具有先发制人和有选择的反应式干扰两种电子攻击能力。初期的吊舱能干扰已知的雷达和辐射源，而通过后续的发展，吊舱将具备对突然出现的以及未知的目标实施反应式干扰的能力。

EB-52 的探测能力以 F-35 上先进的电子战数字接收机为基础，干扰技术将借鉴 EC-130"罗盘呼叫"飞机"矛"项目中小型吊舱采用的技术，也会采用为 EA-6B 上 ALQ-99 吊舱进行 ICAP Ⅲ 电子战升级开发的低波段发射机能力。除此之外，EB-52 还具有超前的战斗管理能力，对各种分布式的非动能武器进行控制，处理来自各节点的报告，分析干扰效果，分配电子攻击任务等。

就在 CCJ 项目正常推进的时候，2009 年年初，美国空军突然宣布 B-52 CCJ 不再列入长期经费开支计划，这意味着该项目被取消。对此美国空军没有说明原因。

从 B-52 防区外干扰机到 B-52 核心部件干扰机，在经历了大约 10 年时间的反复后，该项目最终下马，美国空军在新型专用电子干扰飞机上的努力就此搁浅。

电子战飞机：在天空飞翔，在电磁空间战斗

美国空军计划将干扰吊舱装在 B-52 机翼下油箱位置

EB-52 再无可能起飞，在美国电子战飞机发展历程中，留下一个令人震撼而又遗憾的名称。

雷达的天敌

——"野鼬鼠"防空压制飞机的发展

电子战飞机： 在天空飞翔，在电磁空间战斗

"野鼬鼠（Wild Weasel）"是美国空军对执行压制敌防空系统、干扰并打击敌防空雷达的电子战飞机的一种统称。"野鼬鼠"飞机以敌防空雷达为目标、探测追踪雷达源、标定其位置并实施摧毁，达成压制或摧毁敌方防空系统的目的，从而为己方攻击机群扫除威胁。随着反辐射导弹的发展，"野鼬鼠"飞机逐渐演变为携带反辐射导弹攻击敌地空导弹雷达系统的一种专用防空压制和防空摧毁飞机。

"野鼬鼠"这个名字据称源自第二次世界大战，当时英国皇家空军为对付德军在法国海岸部署的高炮雷达，在"蚊式"战斗机上安装了一种定向性非常强的探测系统以发现雷达并对其进行攻击。该战斗机中队被称为"雪貂"。其名称的缘由是因为"雪貂"这种鼬非常善于捕获躲藏在洞中的兔子，这与战机捕获雷达颇为类似。

美军的"野鼬鼠"源自越南战争期间一次行动的代号。该行动计划由携带了侦察接收机的飞机去搜寻敌方雷达，标出雷达的位置，然后引导战斗轰炸机实施攻击。后来，美军就将执行这类任务的飞机称为"野鼬鼠"飞机。

雷达的天敌——"野鼬鼠"防空压制飞机的发展

最早实施"野鼬鼠"行动的飞机是F-100F。1965年4月,越南开始部署SA-2导弹,7月24日,SA-2首次击落美机并在随后几个月中多次重创美机。10月,美军紧急启动了"野鼬鼠"行动,选择双座型的F-100F战斗机,在其上安装雷达寻的与告警(RHAW)设备,以探测北越SA-2火控雷达的信号。12月,首批F-100F"野鼬鼠"飞机与F-105D战斗轰炸机开始组成飞行编队"猎杀"越南地空导弹。通常1架F-100F伴随4架F-105D/F出击,形成一个"猎人-杀手"编队。编队一旦进入越南地空导弹攻击区域,F-100F就飞至前排,利用机上电子战设备探测地空导弹阵地,对其位置进行标定,然后由F-105用导弹和炸弹实施攻击。此编队组合非常凑效,但存在一个问题,就是F-100F飞行速度太慢,以至于编队中在其后飞行的F-105时常需要迂回前进以免超过了前面的"野鼬鼠"飞机。

1965年末。美国空军决定用F-105F双座型替代F-100F来执行"野鼬鼠"任务,前后共有86架F-105F被改装为"野鼬鼠"飞机。F-105F飞行速度更快,体积更大,除了安装了F-100F上的电子设备

F-105F

电子战飞机：在天空飞翔，在电磁空间战斗

外，还新增了 QRC-317、AE-100、ER-142 等系统，在武器方面，除了各类炸弹外，还可以发射 AGM-45 "百舌鸟"反辐射导弹，威力更大。1966 年 7 月，F-105F 正式替代 F-100F。

1967 年初，美国空军下令所有在越南空域活动的飞机都需要携带干扰吊舱。F-105F 在机身下加装了 RC-380/ALQ-105 噪声与欺骗干扰系统，机头加装了一套 QRC-373/ALT-34 噪声干扰系统，并改型号为 F-105G。F-105G 装备了 AGM-78 "标准"反辐射导弹，这种导弹速度比 "百舌鸟"导弹更快，而且拥有更大的弹头，射程也是 "百舌鸟"的 4 倍，威力更大。

F-105G

虽然 "野鼬鼠"飞机重创了越南防空系统，但自身伤亡也非常大。为了弥补 F-105F 和 F-105G 在战场上的损失，美国战术空军司令部决

F-4C

定选择将 F-4C "鬼怪Ⅱ" 改装为 "野鼬鼠" 飞机。F-4C 使用的电子系统与 F-105F 相同。美国空军一共改装 36 架 F-4C，大多数驻防在日本基地，少数与 F-105G 参加了在越南的 "后卫Ⅱ" 行动。

F-4G

电子战飞机：在天空飞翔，在电磁空间战斗

越南战争之后，F-4C逐渐被F-4G取代。F-4G是采用F-4E战斗机改装而成，集成了更强大的电子设备，能够应对移动的地空威胁。F-4G与F-4E外形基本相同，区别是F-4G机下方有突出的天线舱，F-4E则在此位置安装了一门机炮。

F-4G于1975年12月首次试飞，1978年12月开始装备部队。该机装备了20世纪70年代研制的APR-38雷达寻的和告警系统，覆盖特高频至J波段，可对敌方雷达的发射频率、功率、脉冲宽度、脉冲重复频率进行分析和识别，提供目标的方位和距离，自动或人工计算武器发射数据并输入到导航和武器攻击系统，供反辐射导弹对目

F-4G

标实施攻击，大大提高了"野鼬鼠"飞机的自动化程度和攻击精度。F-4G"野鼬鼠"最初装备 AGM-78"标准"反辐射导弹，1983 年改装 AGM-88A"哈姆"高速反辐射导弹。

1996 年 F-4G 退役。新的 F-16CJ"野鼬鼠"飞机开始服役。F-16CJ"野鼬鼠"以 F-16 Block 50/52 为基础，挂载了 AGM-88"哈姆"（HARM）反辐射导弹和 AN/ASQ-213"哈姆"目标瞄准系统来执行防空压制任务。普通的 F-16C 需要从 EA-6B/EA-18G 之类的电子战飞机获得目标参数后才能发射反辐射导弹，但 F-16CJ 携载 AN/ASQ-213 吊舱后就可以自主发射"哈姆"导弹。目前美国空军现役有 6 个 F-16CJ 中队，2 个驻扎在日本三泽空军基地，1 个驻扎在德国斯潘达莱姆（Spangdahlem）空军基地，3 个驻扎在美国南卡罗来纳州的肖空军基地。

自越南战争迄今，美国空军已发展了 F-100F、F-105F、F-105G、F-4C、F-4G、F-16CJ 等多型"野鼬鼠"飞机。

隐身战机的出现给现代空战带来了革命，但夺取制空权面临的最大挑战仍来自防空系统，空军的"雷达猎杀""防空摧毁"任务永远不会消失，正成为隐身战机的主要任务之一。美军 F-35 拥有强大的隐身

F-16CJ

能力和先进的探测能力，一架 F-35 的对敌防空压制能力在演习中被证实要强于 3 架 F-16CJ。目前美军正在研制新型"增程型先进反辐射导弹"，该导弹可由 F-35 携带，同时还在研制其他适合的防空摧毁武器，可以预计，F-35 将成为新的功能强大的"野鼬鼠"飞机。

防空系统持续发展，"野鼬鼠"战斗机代代不绝。

先进后出
——美国空军 F-4G "野鼬鼠" 战斗机

在美军前后五型"野鼬鼠"战机中，作战经历最丰富，最广为人知的当属F-4G。

F-4G是在F-4E"鬼怪Ⅱ"双座战斗机的基础上改装而成的防空压制飞机。该机于1970年左右开始研制，1975年12月6日完成首次试飞，1978年4月28日首架量产型飞机交付美国空军，先后有134架F-4E被改装成了F-4G。1995年1月2日，F-4G在伊拉克执行了最后一次任务，从空军正式退役并转交空中国民警卫队使用，同年4月20日，所有F-4G退出现役。

F-4G与F-4E最大的区别在于F-4G拆除了F-4E上的航炮，安装了APR-38雷达寻的和告警接收系统。强大的电子战系统与新型反辐射攻击武器的结合，使F-4G成为压制敌防空系统的利器。F-4G的主要作战任务就是压制和摧毁敌方的防空系统，并配合攻击飞机打击敌方目标。它常与战斗机或轰炸机形成"猎人－杀手"组合，F-4G既能作为"猎人"飞机为其他作战飞机提供攻击引导，也能直接使用反辐射导弹打击敌防空系统。

与以前的F-100F和F-105两型"野鼬鼠"相比，F-4G最大的优势在于安装的APR-38电子战系统。APR-38覆盖从直流到日光整个频率范围，52个平板天线遍布机身，采用了先进的数字干涉技术，能对飞机周边进行全向监视，在数秒内测定雷达脉冲的到达角，并通过平面位置显示器向飞机后座的电子战军官显示雷达的距离、方位及可能的类型，通过计算给出反辐射导弹的攻击包络。APR-38经过了长时间的研制，代表了当时美军最高的侦察、定位和告警技术水平，成为F-4G整个武器系统的核心。海湾战争前夕，美军将APR-38升级为APR-47。

1981年，一架F-4G"野鼬鼠"飞机携带AGM-88反辐射导弹、AGM-65"幼兽"和ALQ-119干扰吊舱

此外，F-4G 可携带 ALQ-119-12、ALQ-119-14、ALQ-131 自卫干扰机，以及 ALE-40 箔条/曳光弹吊舱。不过为了避免对 APR-38/47 造成自扰，干扰机并不能经常开机。

F-4G 前期采用 AGM-45 "百舌鸟"和 AGM-78 "标准"反辐射导弹，在 20 世纪 80 年代中期配备了 AGM-88 "哈姆"反辐射导弹。AGM-88 的射程更远，使 F-4G 飞机具备了防区外攻击能力。F-4G 使用反辐射导弹有两种工作模式，一种是距离已知的防区外抢先模式，另一种是反应时间很短、对距离已知或未知的直接攻击模式（DA）。

此外 F-4G 还可携载 AGM-65A/B/D "小牛"制导空地导弹以及约 230 千克的 CBU-52 集束炸弹或 MK-82 炸弹等武器。对空中威胁，F-4G 可携载 AIM-7 "麻雀"和 AIM-9 "响尾蛇"空空导弹实施自卫。

F-4G 诞生后，参加的第一场也是唯一的一场战争就是海湾战争。在这场战争中，F-4G 充分发挥了对防空雷达的"野鼬鼠"打击能力，成为防空压制和摧毁的经典战例。

"野鼬鼠"中队的徽标

战争爆发前，美国空军将加利福尼亚州乔治空军基地第 35 战术战斗机联队和德国斯潘达勒姆第 52 联队的 F-4G 部署到巴林。24 架 F-4G "野鼬鼠"飞机组成临时的第 35 空军联队。

F-4G 的典型作战配置是在飞机中心线携带一个副油箱，在其机头下方的吊舱中携带一套 AN/APR-47 雷达制导和告警系统，左前方导弹架上携带一部 AN/ALQ-119 干扰吊舱，后方导弹架上是一对 AIM-7 "麻雀"雷达制导导弹，同时外挂两枚 AGM-88 高速反辐射导弹飞机，此外还携带了箔条和曳光弹。飞机能够以两倍左右的声速飞行，但通常以高亚声速遂行作战飞行任务。

当地时间 1991 年 1 月 17 日凌晨 3 点左右，多国部队对伊拉克发起了攻击。盟军出动了 EA-6B、EF-111、F-4G "野鼬鼠"、EC-130 "罗盘呼叫"，以及英国的 GR1 "狂风"战斗机对巴格达实施空袭。12 架美国空军的 F-4G 参加了首日的作战。

1991 年海湾战争中的 F-4G "先进野鼬鼠"战斗机

战争前三天，F-4G 非常活跃，主要针对 SA-2 和 SA-3 这些区域防空和要地防空的地空导弹系统。在这个阶段，伊拉克境内的雷达辐射源众多，F-4G 是这个期间美军攻击机群"出发或不出发"的决定因素。没有 F-4G，攻击机群就不出动。

战争进行一周之后，饱受"野鼬鼠"攻击的伊军尽可能地关闭了防空系统的雷达，同时进行伪装以躲避打击，此阶段 F-4G 的战术就变成阻止伊军剩余的地空导弹发射升空。通常由两架 F-4G 携载反辐射导弹，在某一空域巡逻，对该区域的盟军攻击飞机提供护航。在返航到授油点由加油机进行加油时，另外两架"野鼬鼠"则飞来替换。通常，F-4G 一次巡逻时间是 4 小时。战争后期，伊境内基本上已没有了雷达辐射源在工作，"野鼬鼠"重新被赋予了新的战斗空中巡逻或攻击任务，转向对电站或飞机掩体等目标实施攻击。

海湾战争中，F-4G"野鼬鼠"执行了数千架次的飞行任务，只损失了一架飞机。在战争第二天 1 月 18 日的空袭中，伊军的防空炮火击中了一架 F-4G 的油箱。返航途中，该机燃油耗尽而坠毁，两名机组人员跳伞逃生。

关于"野鼬鼠"的作战还有一个不太为人所知的轶事。F-4G 在作战过程中，通常由四架飞机组成一个编队，相互之间使用某种啤酒作为呼号，比如"百威""米勒"。盟军飞机在发射反辐射导弹时，就在无线电台中呼叫"大酒瓶"（MAGNUM）。每次听到电台中有"大酒瓶"的呼叫，随后就遭到呼啸而来的反辐射导弹的打击，于是伊军雷达操作员只要听到有"大酒瓶"的呼叫，就会立即关闭雷达。一次，美军一飞行员觉察受到了伊军防空系统的威胁，而附近又没有电子战飞机可以施以援手，情急之下，连呼"大酒瓶"。奇迹出现了，伊军的防空威胁消失了，应该是被"大酒瓶"吓退了。

海湾战争中，F-4G 共飞行了 3942 个战斗架次，发射了 1000 余枚空地导弹，摧毁了 200 多个伊拉克导弹基地，摧毁的敌方导弹雷达占

四架 F-4G "野鼬鼠" 组成一个攻击编队

电子战飞机： 在天空飞翔，在电磁空间战斗

摧毁总数的 74%，在电子战历史上写下了引人瞩目的一笔。

"先进后出"是"野鼬鼠"战斗机中队的座右铭，也就是"第一个进入战斗，并为其他战机扫除威胁，最后一个撤离战场，掩护所有参战飞机安全返航"。海湾战争，F-4G"野鼬鼠"战斗机完美地演绎了这句名言。

你要我？
——美国空军 F-16CJ 对敌防空压制飞机

电子战飞机： 在天空飞翔，在电磁空间战斗

随着 F-4G 的退役，F-16 CJ/DJ 就接过了"野鼬鼠"的大旗。F-16 Block 50/ 52 经过改装，被赋予了对敌防空压制能力。该型飞机被称为 F-16CJ/DJ，1991 年 10 月开始交付，首个 F-16"野鼬鼠"中队于 1994 年投入战斗。

F-16"野鼬鼠"携带了 AN/ASQ-213 高速反辐射导弹目标瞄准系统

F-16"野鼬鼠"与其他型号F-16之间的主要区别在于装备了AN/ASQ-213高速反辐射导弹目标瞄准系统(HTS)。HTS设计用于探测、识别和定位雷达辐射源,提供目标定位和发射参数数据,通过将数据传送给反辐射导弹和座舱显示器,使F-16CJ具备了自主发射反辐射导弹的能力。

HTS吊舱共发展了HTS Lot Ⅰ、HTS Lot Ⅱ、HTS(E)、R7四种衍生型号,其中Lot Ⅰ是AN/ASQ-213的基本型,1994年形成初始作战能力。Lot Ⅱ升级始于1996年,增强了对抗低频辐射源的能力,提升了处理能力,可以获得更好的目标分辨率和多目标处理能力。HTS R7型增加了新型数字接收机和GPS接收机,并重新设计了软件,实现了对辐射源的精确定位和识别,能在数秒内通过协同多机目标瞄准精确锁定雷达,在雷达机动转移前对其进行打击。R7于2006年8月完成,2010年美国空军F-16CJ全面换装成新型的HTS R7吊舱,具备了更强的对敌防空摧毁能力。HTS(E)是ASQ-213的出口型,能够进行辐射源搜索、单个或多个目标跟踪,通过到达时差技术实现辐射源定位。

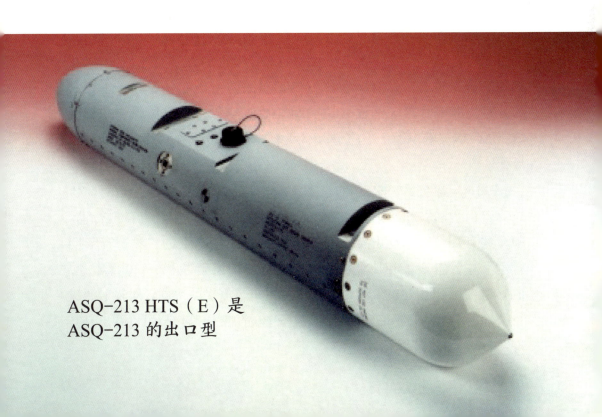

ASQ-213 HTS(E)是ASQ-213的出口型

在F-16CJ战斗机上，ASQ-213Lot吊舱位于飞机右侧下方，采用R7吊舱后，其挂载点从飞机右侧换到了左侧，在右侧安装了"狙击手"光电红外瞄准吊舱。两套系统一起工作，为F-16CJ飞机提供了发射GPS制导精确弹药的能力。

除了反辐射攻击能力外，F-16CJ还具有强大的电子攻击能力和空战能力。其机载电子战系统主要包括：AN/ALR-69（V）雷达告警接收机、AN/ALQ-131电子干扰吊舱、AN/ALQ-165机载自卫干扰机、AN/ALE-40（V）4/5/6箔条/曳光弹投放器、AN/ALE-47干扰物投放器及AN/ALE-50（V）拖曳式诱饵等。F-16CJ还可以挂载AN/ALQ-184电子干扰吊舱进行自卫。在执行典型防空压制任务时，主要武器挂载方式是：翼尖两枚AIM-120中程空空导弹，机翼外侧挂架两枚AIM-9"响尾蛇"空空导弹，机翼中段挂架两枚"哈姆"反辐射导弹，机翼内侧装有两个副油箱，进气道右下侧装有一个AN/ASQ-213系统。

各批次的F-16CJ都具备强大的电子自卫能力，装备了AN/ALE-47干扰物投放器、AN/ALE-5（V）拖曳式诱饵、ALQ-131（V）或AN/ALQ-184（V）雷达干扰吊舱和AN/ALR-56M（V）雷达告警接收机等电子战装备，可携带的攻击武器有AGM-88"哈姆"反辐射导弹、AIM-9"响尾蛇"空空导弹和AIM-120"先进中程空空导弹"，以及其他精确空地打击武器。在执行典型对敌防空压制任务时，主要武器挂载方式是：翼尖两枚AIM-120中程空空导弹，机翼外侧挂架两枚AIM-9X"响尾蛇"空空导弹，机翼中段挂架两枚"哈姆"反辐射导弹。

F-16CJ参与了1999年的科索沃战争，并广泛参与了2003年"伊拉克自由行动"和"南北守望"行动。其中，在"伊拉克自由行动"中，共有71架F-16CJ参战。在2011年利比亚上空的"奥德赛黎明行动"中，击毁了利比亚的101个地空导弹发射装置、120部雷达。F-16CJ通常采用双机编队形式，通过主机与僚机的协同，对辐射源进行精确定位。从F-16CJ在科索沃战争中的防空压制作战可以看出，其典型的作战样式是每次出动 4 架 F-16CJ 飞机,分为两个双机编队,分别从威胁区域两侧进入,这主要是因为 HTS 前视视场为 180°,无法实现 360° 全方位监视。F-16CJ 飞机通常都在攻击机群之前到达目标区域,侦察掌握电磁频谱态势,为后续机群提供战场态势。

F-16CJ 是美国空军目前唯一的专用防空压制飞机,美国现有 6 个 F-16CJ 中队。其中驻日本三泽空军基地两个中队,分别是美国空军第 35 战斗机联队第 13 战斗机中队和第 14 战斗机中队。驻德国斯潘达勒姆空军基地一个中队,在南卡罗来纳州肖空军基地有三个中队。

严格意义上讲,F-16CJ "野鼬鼠"并非专用于执行压制敌防空系统的作战平台,它原计划只是作为"临时的 SEAD 解决方案"。F-16 作为战斗机的性能超过 F-4G 两个数量级,但在对敌防空压制技术各方面都不如 F-4G,虽然具备很强的反辐射攻击能力,但并没有针对猎杀防空系统进行最优设计,特别是发现和定位雷达的能力,F-16CJ 性能不及 F-4G。其预编程的雷达数据库也比较有限,通常需要电子侦察飞机提供支援,所以 F-16CJ 常与空军 RC-135V/W "联合铆钉"电子侦察机和海军 EA-6B "徘徊者"、EA-18G "咆哮者"电子战飞机协同作战。

美国空军在日本三泽空军基地驻有两个 F-16CJ 中队

美国空军 F-16CJ 中队的 YGBSM 臂章

美国空军 F-16CJ 中队的飞行员至今仍佩戴着引以为傲的"野鼬鼠 -YGBSM"臂章。YGBSM 是"You've Gotta Be Shitting Me!"的首字母缩写,大致可以理解为"你跟我开玩笑吧?""你耍我?",或者用当下流行语来讲就是"你坑爹呢?"。

为什么会出现这样一个令人奇怪的缩写的臂章呢?它源于越战时期一位前 B-52 轰炸机电子战军官在听说要用 F-16 这种战斗机去执行防空压制任务时,倍感惊讶,脱口而出说的一句话。后来"YGBSM"与"先进后出"一起成为美国空军对敌防空压制部队的座右铭。美国空军"野鼬鼠"中队将此做成臂章,大抵有自我激励的意思吧。

空中"顺风耳"
——RC-135V/W "联合铆钉" 电子侦察飞机

电子战飞机： 在天空飞翔，在电磁空间战斗

如果将预警机比成"千里眼"，那么电子侦察飞机就是"顺风耳"了。

RC-135V/W"联合铆钉"电子侦察飞机是美国空军防区外中空情报搜集的主力，也是空军 RC-135 系列战略侦察飞机中最重要的一型飞机。

美国空军现役的 RC-135V/W 包括 8 架 RC-135V 和 9 架 RC-135W 飞机。两种型号飞机外形一样，机载任务设备也相同，采用不同的命名主要是出于历史原因。RC-135V 由 RC-135C 和 RC-135U 改装而成，而 RC-135W 先后由 6 架越战时期的 RC-135M "战斗苹果"信号情报飞机、1 架 VC-135B VIP 运输机、2 架 C-135B 运输机和 3 架 KC-135R 加油机改装而来。最初 RC-135V 和 RC-135W 机身前部两侧"脸颊"整流罩的形状还略有不同，但升级后现在已没有差别了。

RC-135V/W "联合铆钉"向战区和战略级指挥官提供近实时的情报搜集、分析和分发

RC-135V/W 的任务是探测、识别和定位电磁频谱信号，进行实时电子情报和信号情报搜集、分析和分发，以支持战区和战略级指挥官，向战术部队、作战指挥官和国家指挥当局近实时提供抵近情报支援。"联合铆钉"所担负的任务包括：确定敌方兵力位置及意图、对威胁发出预警、通过数据链和语音提供地面防空系统的信息；向战区作战部队提供电子战支援等。

"联合铆钉"最初设计用于战略侦察，而冷战之后，随着地缘政治格局变化、军事需求的改变以及信息处理与传输技术的发展，其主要任务从战略侦察逐渐转向战术支援，可以通过数据链将数据传输给预警机，或者通过战术信息广播服务系统提供战区近实时信息发布，也可以通过卫星通信链路把数据传输给后方处理。

"联合铆钉"的具体装备和性能目前大多还处于保密阶段，最主要的任务传感器包括"自动电子辐射源定位系统"（AEELS）和"多通信辐射源定位系统"（MUCELS）。机身前部两侧的"金花鼠脸颊"天线罩装有 AEELS 天线。两种系统能进行快速扫描，对辐射源进行搜索、探测、测频和识别并对数据进行融合。

为了与不断变化的威胁保持同步，美国空军对"联合铆钉"采取了进行定期"基线"升级的方式，提供相对迅速的升级改进。两次基线能力间隔大约为 36～48 个月，如果期间出现重大技术能力差距，则通过快速反应能力（QRC）升级解决。

"联合铆钉"的基线 1 升级始于 1990 年，到 2022 年已完成了 13 次升级，正计划进行基线 14 升级。

基线升级会形成不同基线飞机之间的能力差异。基线 7 的特点是在飞机尾翼安装了联合战术信息分发系统/战术数字信息链-干扰（JTIDS/TADIL-J）通信天线组件。

基线 8 改进和引入的设备包括新型通信情报（COMINT）天线、远程飞机位置回传（REAPER）和网络中心协同目标瞄准（NCCT）系统。REAPER 采用了新型卫星通信链路，使机外人员也能对获得的

2017年8月14日,编号64-14845的RC-135V"联合铆钉"在西南亚上空飞行,机背上的卫星通信天线表明其是基线10升级后的飞机

空中"顺风耳"——RC-135V/W"联合铆钉"电子侦察飞机

SIGINT数据进行分析和处理,NCCT系统能将不同的平台进行联网,通过机间链路对当前不兼容的多个情报源进行协同。

基线7/8的改进让"联合铆钉"飞机完成了从战略支持向既支持战术情报又支持战略情报收集的转型,还能让RC-135V/W与U-2S高空侦察机协同作战,向U-2S提供辐射源位置信息,然后U-2S再飞到该位置收集图像情报。

基线9引入了一个新的液冷系统,在两侧"金花鼠脸颊"天线罩中安装了新的冷却系统。

基线10在飞机背部安装了新型天线用于宽带全球卫星通信系统,并移除了外翼上方的高频探头。

基线11升级包括采用了新型定向设备、通信传感器带卫星通信、增强的近实时数据分发装置、新型可控波束天线,强化了电子情报记录能力、精确电子情报与信号情报系统融合等。

基线12升级采用了三维地图的操作员界面,提高在密集环境中的信号获取能力,信号宽带利用率,并集成了分布式通用地面站(DCGS)。

基线13升级将增加连续记录能力、超宽带压缩接收机、先进极高频(EHF)通信系统并加强自动驾驶能力等。

2022年美国空军服役的"联合铆钉"飞机同时有4种不同的基线配置。

"联合铆钉"通常配备21~27名机组人员,人员数量随着基线的不同而略有变化。在当前基线10~13配置中,共有22名机组成员。飞行机组包括2名飞行员和1名领航员。任务机组分为电子情报(ELINT)组、飞行技术组和COMINT组。ELINT组位于机舱正后方,由3名电子战军官(称为"渡鸦")组成。"渡鸦1"负责操作自动电子辐射源定位系统,并建立ELINT行动的扫描优先级,解决辐射源模糊问

电子战飞机：在天空飞翔，在电磁空间战斗

"联合铆钉"机组人员

题，对信号环境进行精细测量，定位并记录关注的信号。作为战术协调员，"渡鸦1"还负责任务报告、确保机组人员随时了解战术态势和飞机搜集能力的变化。战术协调员还承担侦察指挥官的任务，负责管理机组人员，监督机组成员的工作，与机载任务主管协调，对COMINT 和 ELINT 数据进行关联，提供时间关键报告等。"渡鸦2"和"渡鸦3"负责配合"渡鸦1"进行自动电子辐射源定位系的配置和操

RC-135V/W 机舱内布局

作，同时搜集和汇编电子战斗序列信息。

ELINT 组后是飞行技术组，2 名机载系统工程师面向机头就坐，职责是排除机载搜集系统和通信系统的故障并进行维修。

COMINT 组有 12 名密码机组人员，含 4 个管理员席位和 8 个操作员席位。最前面是数据链操作员，负责管理满足本地、战场和国家任务所需的所有数据链操作，并与 ELINT 操作员协调，将 ELINT 和 COMINT 进行融合。数据链操作员旁边是机载分析员，负责分析密码任务机组成员搜集的信息进并上报，同时维护与国家和战术单位的通信网络。机载任务主管负责监管密码任务机组成员的搜集和报告活动。信息集成官通过 RC-135 机上和机外的网络通信系统实时监管全源情报的协同。

在这 4 位管理员后面坐着 8 名机载密码语言分析员，他们都是语言专家，前面 3 人是首席操作员，后面 5 人是密码操作员。此外在机尾还有两个席位，一个是信号搜索与开发操作员，他是一位"特殊信号"分析员,负责寻找新的非语音信号、新的或不寻常的辐射源及通信系统。另一个席位由侦察、监视、目标捕获操作员使用。

"联合铆钉"诞生40多年来,其航迹遍及全球,就像"顺风耳",聆听着对手的一举一动。

空中搜索者
——英国 RC-135W 电子侦察飞机

2010年3月22日，英国国防大臣宣布将采购美国RC-135"联合铆钉"侦察机替代其"猎迷"R1信号情报飞机。这在英国国内引起了很大争议，有批评认为这将严重损害英国的国防工业，削弱英国的情报搜集能力，并在情报事业上造成国家主权的流失。

英国"猎迷"R1信号情报飞机由"猎迷"MR1和MR2海上巡逻机改装而成，于1969年10月首次服役，共3架，是英国唯一的通信情报和电子情报信号搜集平台，曾参与英阿马岛战争、海湾战争、阿富汗战争和利比亚战争。该机于2011年6月退役。

英国采购RC-135的计划被称为"空中搜寻者"项目，该项目是二战以来英国与美国达成的最复杂的军售与合作支援项目，协议价值近10亿美元，由美国L-3通信公司负责将美国空军封存的三架KC-135R加油机改装为RC-135W。每架飞机造价约为2.86亿美元。英国皇家空军是美国"联合铆钉"全球的首个出口用户。基于该项目的名称，英国的RC-135W"联合铆钉"也被称为"空中搜索者"。

首架RC-135W改装从2010年12月开始，2013年11月12日交付英国空军，编号为ZZ664。第二架和第三架分别于2015年8月和2017年6月交付，编号为ZZ665和ZZ666。三架飞机分别是RC-135W的基线10、11和12型。

三架RC-135W都隶属英国皇家空军第51中队，驻扎在皇家空军沃丁顿基地。该中队一直从事秘密的电子情报收集任务，部队任务和部署情况很少对外透露。

首架 RC-135W 于 2013 年 11 月 12 日飞抵英国皇家空军沃丁顿基地

电子战飞机： 在天空飞翔，在电磁空间战斗

在美国改装飞机的同时，英国也派出人员到美国接受训练。2011年1月初，英国皇家空军第51中队的飞行员、领航员、电子战军官、情报人员、空中机械师等相关人员抵达美国内布拉斯加州奥弗特空军基地接受培训，时间3~5个月不等。培训结束之后还加入美国空军第55联队第343侦察中队，与美军RC-135侦察机机组人员前往阿富汗、伊拉克等作战区域进行侦察实战。在接收首架RC-135W侦察机之前，英方的机组人员在美国空军55联队已经完成了1800余架次、32000多小时的飞行侦察任务，积累了丰富的经验。

令人尴尬的是，从2011年6月"猎迷"R1侦察机退役到首架RC-135W侦察机装备部队之间将近三年的时间，英国空军竟然没有一架电子侦察飞机可用。

英国的RC-135W与美国的配置和机载系统大致相同，但包含了一些特殊的设计。首先是采用与美国空军硬管加油系统不同的软管-浮锚式加油系统。此外，在任务系统上，飞机可能装备了英国奎奈奎克公司的"虎鲨"通信情报载荷，替代了美国空军RC-135V/W上的由BAE系统公司研制的低波段子系统。

英国RC-135W参加2017年"红旗军演"

空中搜索者——英国 RC-135W 电子侦察飞机

为了确保 RC-135W 在 2035 年退役前能够持续获得支持，英国在采购合同外又与美国国防部签订了新的备忘录，每四年将飞机送往德克萨斯州 L-3 通信公司工厂内进行升级，这使整个采购和维护维修的成本超过了 12 亿美元。

2019 年 11 月 18 日，编号 ZZ664 的 RC-135W 在美国进行升级后，返回英国。升级包括两部分，一部分是将驾驶舱升级为新型的玻璃座舱，并采用数字飞行显示器和大型 LCD 屏幕，替代了传统的表盘和仪表，使飞行员的飞行操作更容易、更安全。第二部分对任务系统进行了基线 12.2 的升级。为了适应新的驾驶舱，英国还采购了带玻璃驾驶舱的新型 RC-135 模拟驾驶飞行器，便于在英国进行飞行训练。

英国高度倚重 RC-135W 的侦察能力，称其为国家战略资源，不仅用于向空军和陆军提供信号情报支援，还与美国空军 RC-135V/W 以及盟国的其他飞机密切协同行动。在接收了首架飞机后不久，2014 年 7 月，英国空军 RC-135W 就进行了首次作战部署。RC-135W 侦察机从英国米尔登霍尔机场起飞部署至英国在塞浦路斯的阿克罗蒂里空军基

2019 年 11 月 18 日，编号为 ZZ664 的 RC-135W 完成首次升级后返回英国

地，开始为期6个月的海外部署，在叙利亚和伊拉克地区进行军事情报搜集。

除中东外，英国空军RC-135W侦察的另一个重点对象是俄罗斯。自入役以来，英国与美国一起在波罗的海地区对俄罗斯保持了高强度的侦察。英国空军的RC-135W通常从沃丁顿空军基地起飞，飞越北海，然后一路沿东北方向进入波罗的海，在俄罗斯加里宁格勒地区外海国际空域进行侦察，侦察时间通常为6~7个小时，对加里宁格勒地区的俄罗斯海军基地、雷达和防空反导设施的电子信号进行侦察监视，掌握俄军兵力动向和电磁环境变化。自从俄乌冲突爆发以来，英国更是充当北约情报侦察监视的急先锋，3架RC-135W全部出动，持续在乌克兰周边地区活动。

2022年8月15日，一架RC-135W在俄北部摩尔曼斯克州圣角地区飞行，被俄军米格-31BM截击机驱离。9月29日，英国一架RC-135W在黑海上空进行监视巡逻时，与2架俄罗斯苏-27战斗近距离接触，双方对峙了约90分钟，其中一架俄罗斯战斗机在RC-135附近发射了一枚空空导弹。事后，俄罗斯解释称导弹发射是由于技术故障。

对于采购RC-135W时，英国国内有关丧失情报国家主权的批评目前已没人再提起。英国的三架RC-135W已被视为美国空军RC-135V/W机群的组成部分，美国空军定期对英国机组进行指导，对飞机进行升级提升，双方机组成员也会进行轮替。英美同属"五眼联盟"，在情报领域合作深入。不过，对于缺乏了技术实力的英国而言，丧失了独立的平台，就只能仰人鼻息了。

"眼镜蛇"的凝视
——美国空军 RC-135S "眼镜蛇球"侦察飞机

电子战飞机：在天空飞翔，在电磁空间战斗

有这样一种军用侦察飞机，远观，跟普通的波音客机差不多，而近看，细微处又有很多不同，而最令人惊奇的是飞机两侧机翼的颜色不一，一侧是黑色，另一侧是白色。

RC-135S 侦察飞机执行由美军参谋长联席会议指定的国家优先任务，搜集弹道目标的光学和电子数据

"眼镜蛇"的凝视——美国空军 RC-135S "眼镜蛇球"侦察飞机

当然,普通人见到这种奇怪飞机的机会是极少的,因为这样的飞机全世界只有 3 架,而且一般在人迹罕至的地区飞行。这型飞机就是美军最神秘的电子战飞机 RC-135S,代号"眼镜蛇球"。

RC-135S 是美国 RC-135 战略侦察飞机系列中的一种。RC-135 系列包括 RC-135S "眼镜蛇球"、RC-135U "战斗派遣"、RC-135V 和 RC-135W "联合铆钉"四种型号,飞机任务各异,机上的传感器也不同。其中 RC-135S 的任务主要是搜集对手弹道导弹的信号特征、遥测数据以及通信情报,目的是核查他国遵守相关武器条约的情况,以及验证美国战略防御和战区导弹防御概念和体系。该机主要通过广域红外传感器和远程光学相机在导弹助推段和再入段搜集导弹的光电数据,并通过搜集遥测情报,获得关于导弹的位置、速度、轨迹、发动机与燃料状况等信息,分析导弹的性能。

RC-135S 最早由美国战略空军司令部管理,后来移交给空战司令部,由驻内布拉斯加州奥福特空军基地的美国空军第 55 联队第 45 侦察中队负责管理和运行,执行由参谋长联席会议指定的国家优先任务。RC-135S 目前共有 3 架,编号分别为 61-2662、61-2663 和 62-4128,

2001 年,3 架"眼镜蛇球"(从左往右 3 架)飞机罕见地同时出现在奥福特空军基地

电子战飞机：在天空飞翔，在电磁空间战斗

常年在世界各地执行前沿部署任务，除了美国本土奥福特空军基地之外，其运行基地还包括阿拉斯加州艾尔森空军基地、英国皇家空军米尔登霍尔基地、希腊克里特岛苏达湾、日本嘉手纳、阿联酋阿尔乌代德和印度洋上的迪戈加西亚等。

"眼镜蛇球"的机组通常由 11 人组成：飞行机组包括 1 名飞行员、1 名副驾驶和 1 名领航员，后舱任务机组包括 3 名电子战军官、2 名机载系统工程师、2 名操作员和 1 名战术协调员。根据任务需要，还可以增加任务机组人员。

RC-135S 机舱后部八名任务机组的席位位于飞机右侧

"眼镜蛇"的凝视——美国空军 RC-135S "眼镜蛇球" 侦察飞机

"眼镜蛇球"的历史可追溯到1960年,当年10月,美国通用动力公司获得美国空军"大狩猎队"办公室的一项秘密任务合同,对一架 KC-135A 运输机进行改装。1961年12月31日,该机连同4名飞行机组和10名任务机组一起部署到了靠近苏联远东海岸线的阿留申群岛中的舍米亚岛,执行对苏联弹道导弹的情报搜集任务。

据当年的机组人员回忆,20世纪60年代用于探测苏联导弹发射的 RC-135S 飞机右舷开有10扇窗,窗后架设专业相机以及专门拍摄导弹弹头的紫外和红外设备,另外还有频谱计、辐射计和光子计等用于探测导弹的材料成分并测量其电磁辐射。飞机右侧外部装有3个偶极子天线,左侧装有1个偶极子天线,与飞机底部的测向天线一起搜集导弹的遥感数据。

早期的 RC-135S 飞机外形与目前的"眼镜蛇球"有很大差异

电子战飞机： 在天空飞翔，在电磁空间战斗

一旦美国国家安全局下属的国防特种导弹和航天中心发现苏联将发射导弹，就立即向值班的 RC-135S 发出警报，飞机会在 15 分钟内起飞。整个过程全程保持无线电静默，起飞后再由战术协调员通过机上的卫星通信系统确定苏联导弹的发射细节。随后，经过 25~30 分钟飞行，飞机爬升到 1 万米左右的高度并飞到最佳观测位置等待导弹再入时进行拍摄，机上电子战操作员则负责监测苏联方面的无线电传输。任务结束后，拍摄的胶片和磁带要在武装警卫的护卫下送往美国本土的赖特帕特森空军基地进行分析。

RC-135S 在历史上有多个称谓，1960 年被称为"南希·雷"，然后改为"万达·贝尔"，1967 年被称为"铆钉球""铆钉琥珀"。1989 年，由 EC-135B 改装而成的 RC-135S 被命名为"眼镜蛇球"。"眼镜蛇球"是美国空军和战略防御倡议组织的一个联合项目，该机的核心装备是飞机右侧滑动门后的一个大型先进红外传感器，能够识别不同的再入飞行体，区分诱饵、弹头或导弹残骸。

冷战结束后，俄罗斯导弹试验急剧减少，美军也中止了在舍米亚岛的前沿侦察任务。1993 年，"眼镜蛇球"全部封存，1995 年，飞机启封并进行了改进，并于 1999 年 6 月重新投入使用。

新的"眼镜蛇球"与先前的 RC-135S 有了很大变化。根据 20 世纪 90 年代中期首次公开的照片分析，其任务设备包括中红外阵列系统、实时光学系统、大孔径跟踪系统、多频遥测/射频相关通信搜集系统、激光测距仪、询问告警系统和卫星通信系统等。其中，中红外阵列安装在飞机左右舷，实时光学系统和大孔径跟踪系统安装在右舷。

从 20 世纪 90 年代至今，为与敌方新型武器的发展保持同步，具备更好的情报搜集能力，美军一直在对"眼镜蛇球"进行升级，先后更换了飞机发动机，引入 RC-135U/V/W 的"金花鼠脸颊"形天线罩、三窗口的左右舷传感器设置、新型操作员工作站以及改进的通信设备，在机背和机腹装上大量天线阵。在最近一次完成的"基线 5"升级中，又引入了宽带全球卫星回传能力、改进了操作员界面与报告工具、集

"眼镜蛇"的凝视——美国空军RC-135S"眼镜蛇球"侦察飞机

成了RC-135V/W"联合铆钉"基线11的通信情报设备并提高了在密集信号环境中的性能。如今,飞机通过中波红外阵列以及光学和红外的远程监视设备能从飞机两侧进行探测。此外,多目标跟踪光学系统(MTOS)使用光电和红外辐射传感器,有助于后期对所跟踪的导弹进行材料分析。

美国"眼镜蛇球"的任务、活动以及机载装备都是高度机密

"眼镜蛇球"之所以神秘,是因为美国空军对"眼镜蛇球"的活动一直守口如瓶,对其任务和机载装备高度保密。除了解密的苏联时期的任务外,美国空军对"眼镜蛇球"的任务讳莫如深。报道称"眼镜蛇球"参加了"持久自由"和"伊拉克自由"军事行动,但其中细节没有对外透露。

电子战飞机： 在天空飞翔，在电磁空间战斗

近年来，"眼镜蛇球"的行踪逐渐引起了公众注意。美国把 3 架 RC-135S 中的 2 架部署到了冲绳嘉手纳空军基地，加强对朝鲜半岛和中国导弹发射的侦察，2021 年以来，更是频繁出现在中国周边地区，每次在中国可能试射导弹前，都能发现"眼镜蛇球"的魅影。

为什么 RC-135S 的机翼一边是黑色，另一边是白色呢？

这是因为以前该机的相机是安装在飞机右侧。白天拍摄时，机翼在阳光下的反光有时会使相机的拍摄模糊不清，于是在改装时就将右翼和发动机内侧涂成黑色以减少眩光。现在，探测装备已得到改进，而且从飞机左右两侧都能进行侦察，但右翼涂成黑色的传统还是保留了下来，成为该机辨识度最高的特征。

神秘的"战斗派遣"
——美国空军RC-135U"战斗派遣"战略侦察飞机

电子战飞机： 在天空飞翔，在电磁空间战斗

近年来，随着美国将中国确定为主要战略对手，美军加大了对中国的军事侦察，经常派出侦察飞机到南海、东海外以及台湾海峡地区"转悠"，中国周边地区俨然成为美军各型侦察飞机的"走秀舞台"，除了臭名昭著的EP-3E外，还有一些小众的侦察机不为大家所关注和熟知，RC-135U就是其中之一。

RC-135U外号"战斗派遣"，是RC-135战略侦察机系列中数量最少的一种，总共只有2架，编号分别为64-14847和64-14849。该机也是所有侦察飞机中保密程度最高的，美军没有对其性能和装备进行过详细描述，而且不会提供任何有关其任务的信息，其机组成员因为接触的情报密级很高，也要求具备高等级的保密资质。该飞机的用户包括美国国家安全局、国家航空航天情报中心、海军情报局、中央情报局、国防特种导弹与航天中心等，而侦察到的重大情报据称会直接报送总统。

RC-135U "战斗派遣"飞机主要对雷达信号进行战略侦察

　　RC-135U隶属美国空军第55联队,机组成员由2名飞行员、2名导航员、2名机载系统操作员以及至少10名电子战军官和至少6名电子技术专家组成。其中飞机和飞行机组由第55联队第45侦察中队管理,任务机组成员则来自该联队第97情报中队。

　　"战斗派遣"飞机具有非常强大的情报搜集能力,被称成"真空吸尘器"。该机任务是搜集关于目标辐射源和武器系统的精确技术情报,能够探测并识别敌方雷达信号,对威胁辐射源进行分类和定位。所收集的数据用于确定敌方防空配置,评估敌方的兵力部署,编制敌电子战斗序列,并分析目标的能力优势和弱点,制定战时打击和规避方案。

目标详细的技术参数也用于开发或升级雷达告警接收机、干扰机、诱饵、反辐射导弹以及训练模拟器等。

1971年，美国空军完成了3架"战斗派遣"飞机的改装。该机外形独特，在机翼前机身两侧各配备一个大型整流罩。翼尖和尾翼上都安装了用于搜集信号情报的独特天线阵，机舱内装备了多种专用系统，包括精确功率测量系统（PPMS）、自动电子辐射源定位系统（AEELS）、AN/ALD-5脉冲分析仪、AN/APR-17告警接收机、AN/APR-46A射频监视系统、QRC-245、QRC-259（T）、QRC-499和QRC-501-100等快速反应能力设备以及"罗盘时代"热成像仪/辐射计/光谱仪系统。其中核心装备是精确功率测量系统，据称是美军现役最复杂的信号搜集装备之一。该机还拥有一个密级很高的数据库。

1978年，3架RC-135U中的一架被改装为RC-135V，"战斗派遣"飞机只剩下2架。

为了跟上威胁的发展和技术的进步，RC-135U服役以来，美国空军一直在对其进行改进，美国L3哈里斯技术公司作为升级改进的主承包商，已经为RC-135U安装了宽带全球卫星通信设备、新型精确ELINT传感器、新型超宽带接收系统、新型机载跟踪系统、改进了操作员界面与报告工具、集成了与RC-135V/W相同的通信情报设备，并使其具备了回传连接能力和网络协同目标瞄准（NCCT）能力，极大地提升了RC-135U在密集信号环境中的侦察能力以及应对新型威胁的能力。

RC-135U通常每年执行5~6次电子情报侦察任务，每次30天至90天不等，每次任务可跨越多个地区。按照规定，美国国家安全局对RC-135U有优先任务布置权，同时国家技术情报任务优先于各作战司令部的任务。

美军拥有 2 架 RC-135U

执行任务时，RC-135U 一般会从本土先行部署到前沿基地，包括卡塔尔乌代德空军基地、印度洋迪戈加西亚岛、阿拉斯加艾尔森空军基地、日本嘉手纳空军基地、英国米尔登霍尔空军基地以及希腊苏达湾海军设施等前沿基地，并由此出发对中、俄、朝等重点目标国家及中东地区周边或者某演习训练区域进行情报搜集。通过空中加油，该机可完成大面积侦察或对重点区域的长时间集中侦察，通常也会与 RC-135V/W、EP-3E 等实施协同电子侦察，强化联合侦察效果。

美军一直宣称 RC-135U 是在国际空域飞行和实施侦察，但其活动严重侵犯了他国主权，威胁他国安全，所以被侦察国经常会派出战机对其进行跟踪和驱离。2014 年 4 月 23 日，一架 RC-135U "战斗派遣"在日本以北鄂霍次克海上空执行监视任务，遭到了俄罗斯苏 -27 "侧卫"战斗机的拦截。美军事后表示，与冷战期间和冷战后大多数情况不一样，这次俄罗斯空军苏 -27 进行的是一次"不计后果"的拦截，离美机大约只有 30 米，是该机在冷战后遇到的最危险的一次拦截，但这个记录不断被打破。2015 年 4 月 7 日，俄罗斯 1 架苏 -27 在波罗的海对美 RC-135U 实施拦截，抵近到距其仅 6 米，2017 年 6 月 19 日更近到仅有 1.5 米。

在 2014 年乌克兰危机中，美军也出动了 RC-135U "战斗派遣"和 RC-135S "眼镜蛇球"飞机。其中 RC-135U 侦察俄罗斯在欧洲边境的防空部署情况。近年来，该机也经常在我国周边实施侦察。

RC-135U 服役时间已近半个世纪，机身老化严重，远远超过设计寿命。美国空军也考虑将 RC-135U 的能力移植到可以突防并靠近重要电子目标的无人机及其他平台上，但一直没有见到具体的实施项目。迄今为止，也未见该机的替换计划。

鉴于 RC-135U 在美军战略侦察体系中不可替代的重要地位，美国

RC-135U"战斗派遣"从英国米尔登霍尔皇家空军基地起飞,准备对俄罗斯进行侦察

空军还在持续地对其进行升级改进，使其保持较强的任务执行能力，计划将该机再服役20年，美国国会表示只有在确认与RC-135U能力相当的机型出现之后，才会允许RC-135U退役，因此在相当长的一段时间，该机仍将会继续神秘地出现在全球各地。

天线比狗身上的虱子还多
——美国海军 EP-3E 信号情报飞机

电子战飞机： 在天空飞翔，在电磁空间战斗

EP-3E是美国海军岸基固定翼信号情报飞机，也是美国海军唯一的一型陆基电子侦察飞机。

首架EP-3E诞生于1969年，由洛克希德·马丁公司对P-3反潜巡逻机改装而成。美国海军先后有10架P-3A和2架P-3B反潜巡逻机改装成了EP-3E"白羊座Ⅰ"。之所以被称为"白羊座"（Aries），是因为EP-3E的机载"空中侦察综合电子套件"的首字母缩写恰好是"白羊座"的意思。

20世纪80年代中期，美国海军开始将12架P-3C型反潜巡逻机改装为EP-3E"白羊座Ⅱ"型电子侦察机，以取代早期的EP-3E Ⅰ型。首架EP-3E"白羊座Ⅱ"于1990年4月11日首飞，最后一架于1997年列装。

美国海军现役12架EP-3E"白羊座Ⅱ"由美国海军第1空中侦察中队（VQ-1）操作运行。该中队是美国海军唯一的信号情报中队，驻扎在华盛顿州惠德贝岛，在全球范围内部署。

EP-3E"白羊座Ⅱ"目前已成为一型多源情报侦察飞机

天线比狗身上的虱子还多——美国海军 EP-3E 信号情报飞机

EP-3E 的主要任务是在广阔海域上空执行信号情报搜集和处理任务,为指挥员提供近实时的战术信号情报,利用机上的多型传感器搜集、评估战术态势,对数据进行处理和分析,并通过数据链分发至舰队司令和战区指挥官,用于态势感知、威胁告警、目标指示、对敌防空压制/摧毁、对空作战和反潜作战等。

EP-3E 配备了高灵敏度的接收机和高增益天线,可以远距离搜集目标区域的电磁辐射,将机上传感器搜集的情报和来自其他平台的数据融合,进行信息分发,并能将信号记录下来在任务后进行技术分析。EP-3E 最初是设计作为信号情报飞机,经过不断升级,目前已成为一型多源情报侦察飞机。

EP-3E 续航时间超过 12 小时,最大航程 3800 千米,飞行高度可达 8230 米。EP-3E 与 P-3 相比,外观上有很大不同,主要是前机身下有 1 个大的圆形雷达罩,机身上下各有 1 个独木舟形天线罩。在机头

EP-3E "白羊座 II" 机身多处都布设了天线

的天线罩中，装有AN/APS-134（V）对海搜索雷达，在前机身下部的圆形天线罩中，装有OE-319"大视"（Big Look）天线系统。在机身脊背和机腹的"独木舟"状整流罩中装有侦察设备的OE-320测向天线组。机身下部有一个"花盆"状天线罩，安装了多个刀型天线，两侧机翼翼尖分别装有电子支援措施系统的天线吊舱，垂尾和平尾上挂有金属网状天线。有美国军事评论员戏称，EP-3E上天线比狗身上的跳蚤还多。

EP-3E的机组人员为24人，含8名军官和16名专业军士。其中飞行机组3名，任务机组包括1名电子战飞机导航员、1名飞行工程师、1名电子战飞机指挥员、1名高级电子战战术评估员、1名任务指挥员和2名电子战操作员，此外还有保密通信操作员、特殊站操作等。

电子战飞机指挥员可以将情报信息通过数据链直接分发给其他平台指挥官。电子战飞机导航员在整个任务期间保障飞机的位置信息和导航。高级电子战战术评估员管理任务规划、情报搜集和需求报告，根据可用的信号情报来确定战术场景，并向指挥官整编作战情报报告。

机上的任务设备可以分为电子支援传感器、特殊/电子支援通用分系统以及特殊工作站传感器。主要设备有AN/ALD-9（V）通信频段寻的器、AN/ALR-76雷达频段电子支援系统、AN/ALR-81（V）电子情报接收装置、AN/APS-134（V）Ⅰ波段（9.5~10GHz）对海监视雷达、AN/AYK-14机载通用计算机、Link 11战术数字情报链（TADIL）、AN/ULQ-16（V）2信号数据处理器等。

经过"传感器系统改进项目"（SSIP）升级后，"白羊座Ⅱ"增加了三个新的分系统。

——"故事讲述者"（Story Teller）：能够处理选定的数据，提供复合的战术态势显示，将多个机载传感器的输入与选定的外部数据链输入进行关联，通过数据链和通信网络传送融合的信息。

——"故事书"（Story Book）：是一体化的信号搜索、数据处理和融合系统，能提供态势感知并对战术图像进行评估，通过数据链传输

近年来 EP-3E 在美军的军事行动中出动频繁

信号情报数据。

——"经典故事"（Story Classic）：提供对低频信号的搜索和截获能力。

EP-3E"白羊座Ⅱ"服役后经历了多次升级。

2003 年，美国海军航空系统司令部海上巡逻和侦察飞机项目办公室对 EP-3E 的信号情报传感器系统进行了升级，此次升级被称为"联合机载信号情报架构现代化通用配置"（JCC）升级，包括增加了自动化的电子监视能力、与美国海军"部队网"的网络互连、精确测向、低频段多平台通信辐射源定位、记录能力以及信息作战能力。

另一项重大升级是"任务部队情报监视和侦察"（TF-ISR）。此次升级填补了 EP-3E 与未来有人/无人侦察飞机之间的能力差距并集成了 Link16 任务管理能力。

"传感器系统改进项目"（SSIP）升级了 EP-3E 的通信系统，增强了信号情报搜集和数据自动化处理能力。经 SSIP 升级后的 EP-3E 可与美军其他侦察平台与战斗平台直接进行实时连接，连接对象包括美国空军的 E-3 预警机和其他飞机，以及海军的潜艇等。

2007 年，对 EP-3E 的光电红外系统和"部队网"系统进行升级，在机身前下方安装了一个转塔，改进了与国际海事卫星的连通性，增加了特殊信号设备以及用于传输全动视频的宽带数据链。

2011 年，EP-3E 开始进行"螺旋 3"升级并完成了作战测试。"螺旋 3"是一套情报、监视与侦察（ISR）任务系统，使用了新的通信情报设备、新的传感器和改进的网络能力，提升了机内数据的分析能力，并能实现战术情报的实时分发。

2016 年，美国海军对 EP-3E 上老化的电子侦察系统进行升级。

在 EP-3E 达到其使用寿命退役之前，相关的升级活动还将持续进行。

根据目标的计划，美国海军未来会将 EP-3E 的大部分能力转移到 MQ-4C"海神"无人机上。

自诞生以来，美国海军 EP-3E 在冷战期间参与了大量军事行动以及 21 世纪的每一场冲突，其中很多任务至今仍未解密。

在美军所有侦察飞机中，对我国民众而言，EP-3E 无疑是最臭名昭著、血债累累的飞机。

南海上空的幽灵
——美国海军 EP-3E "白羊座 II" 电子侦察飞机

电子战飞机：在天空飞翔，在电磁空间战斗

2001年3月31日，日本嘉手纳，当地时间19时47分，太阳刚落下不久，一架神秘的飞机从嘉手纳空军基地起飞，随即便消失在落日的余晖中。

这架编号为156511的飞机是隶属美国海军舰队第1空中侦察中队（VQ-1）的一架EP-3E"白羊座Ⅱ"电子侦察飞机。此次飞行是前往南中国海执行敏感的侦察行动，重点是对中国海军南海舰队的战术通信、雷达和武器系统进行监控。飞机满载机组成员24名。

美国海军舰队第1空中侦察中队中队成立于1955年6月1日，1994年7月，中队所有侦察机全部换装为EP-3E"白羊座Ⅱ"。2001年，中队配备有9架EP-3E侦察机，共有60名军官和250士兵。该中队驻地为美国华盛顿州惠德贝海航站，在日本三泽和阿拉伯湾地区分别常驻一个永久性支队。

南海上空的幽灵——美国海军 EP-3E "白羊座Ⅱ" 电子侦察飞机

美国海军第 1 空中侦察中队也称为 "全球观察者" 中队

EP-3E 起飞后一直沿着预定的航线飞行，飞过中国台湾岛和菲律宾外围，再沿着中国大陆海岸线方向到海南岛然后返航。此次任务，对 EP-3E 机组而言似乎应该能轻松完成，当天天气良好，能见度不错，侦察任务也不重，只出现了一些常规的预警雷达和空中交通管制雷达信号以及一些例行的军事通信信号。

在飞行了 6 个多小时后，飞机位于海南岛大约 60 海里处，以约 68 千米高度、185 节的速度飞行。就在此时，EP-3E 上负责监听通信的操作员听到中国地面机场与飞行员之间的通话，同时也收到夏威夷库尼亚区域安全行动中心的情报，报告中国两架战斗机起飞。

起飞的战斗机是中国人民解放军海军航空兵陵水基地的两架歼-8Ⅱ战斗机，奉命对美军 EP-3E 进行监视。

9 时 7 分，在海南岛东南 104 千米处，EP-3E 突然转向，与中方一架歼-8 相撞，致使中国战机坠毁，飞行员坠海牺牲。随后，EP-3E 未经中方允许，进入中国领空，于 9 时 33 分迫降海南陵水机场……

这就是震惊中外的中美南海撞机事件。

牺牲的飞行员是中国人民解放军海军航空兵陵水基地中队长王伟少校。王伟烈士舍身维护了中国的主权，用生命谱写了一曲爱国主义和革命英雄主义的壮丽凯歌，被中央军委授予 "海空卫士" 的称号。

经过四个多月的谈判，这场危机以美方道歉赔偿后中方移交人员和飞机而得以解决。

事件的凶手 EP-3E 是一种装有尖端电子侦察设备的大型侦察机，主要用于搜集对方防空系统的电子信号，尤其是通过截获对方战舰雷达信号和对方国土纵深防空阵地的无线电信号，来确定对方防空系统的具体位置。通过跟踪对方军事通信信息，还可确定对方军事力量和舰船的方位、作战能力、军事训练的频度以及水平。

EP-3E 对中国的电子侦察由来已久，主要在我领空外使用机上的监视和测向系统以及通信截获和分析装置对我华南地区，海南岛陆地

EP-3E 的机舱内部照片

雷达信号，无线电波进行接收、记录，同时对其进行定位，并用雷达信号分析器和快速频率测定装置确定我部队雷达使用的波长、频率，再与数据库中数据相对照，以得出我部队使用的雷达型号。

撞机事件发生后，美国并没有深刻反省这种侦察行为对中美关系的影响，而是十分担心EP-3E在滞留中国期间可能导致的泄密。美国海军作战部长、美国国家安全局局长/中央安全局局长下令进行调查，完成一份事件对美军可能造成的影响的评估报告。2010年，历尽十年后，这份名为《EP-3E撞机：密码损毁评估与事件回顾》的报告被解密，让外界对美军的电子侦察能力和行为有了更进一步的了解。

报告描述了从碰撞发生到降落陵水机场期间机组人员的反应，评审了紧急程序及规程、中国的行动、反情报事项以及密码危机的反应等。对于此次撞机，美国的评估报告指出：由于泄露了战术来源与方法，美国针对中国的战术信号情报能力受到中等破坏，不过泄露的材料对美国总体信号情报能力所造成的潜在破坏程度不大。中国的最大

EP-3E被拆解运回美国

收获是可能分析并仿制美方通信情报信号分析装备。美军泄露了具备搜集及定位中国潜艇信号的能力，但国家级信号情报（特别搜集任务、集成过顶信号情报架构、秘密信号情报）来源与方法未泄露。

在他国领海外水域上空的抵近侦察处于国际法的灰色地带，包括《联合国海洋法公约》在内的国际法并没有针对此项行为的明文条款。但美国的侦察活动无视国际法的有关制度，滥用飞行自由，是造成此次撞机事件的主要原因。

此次撞机事件再一次凸显了电磁空间安全的重要性。侦察飞机在他国领空和领海外的侦察，不仅是不友好甚至挑衅的行为，而且会严重危害被侦察国家的电磁空间安全。

王伟烈士捍卫了国家的海洋和空中权益，是伟大的海空卫士。他驾机驱离 EP-3E 也保护我国电磁信号在和平时期免于被侦察、被窃听，维护了我国的电磁安全，捍卫了我们的电磁空间安全，所以也是光荣的"电磁卫士"。南海撞机事件发生后，每年 4 月 1 日，我国民众都要追忆我战机驱离 EP-3E 的正义行为，深切缅怀王伟烈士的英雄事迹。

但南海上空的幽灵并没有消散，美军机近年对我的侦察日趋频繁，侦察频次越来越密，距我国境越来越近，出动机型越来越多。

2020 年 9 月 16 日上午 8 时 30 分左右，美军两架侦察机途径巴士海峡再次进入南海，那架编号 156511 的 EP-3E 赫然在列……

听我独奏
——美国空军 EC-130 心理战飞机

电子战飞机： 在天空飞翔，在电磁空间战斗

电子任务飞机，除了侦察、干扰外，还能干什么？

还能播放广播、电视节目进行宣传，利用电磁频谱实施心理战。

美军运用专用电子任务飞机开展心理战，已经有超过60年的历史。20世纪60年代中期，美军就开始进行机载无线电和电视广播，先后发展了三型飞机。最初配备的是EC-121S"皇冠独奏"心理战飞机，由洛克希德公司L-1049"超级星座"客机改装而成，共5架。1970年曾有2架部署到了泰国，负责对柬埔寨进行广播。

1979年3月，第一架EC-130E交付。该机被称为"飞行独奏"（Volant Solo），是由C-130"大力神"运输机改装而成的心理战任务飞机。EC-130E首次作战部署是在1983年美军武装入侵格林纳达期间，负责向该国平民播发信息。该机主要进行电视和无线电广播，同时还可以搜集情报并干扰敌人的广播，1990年，该机更名为"突击队独奏"（Commando Solo）。

1992年，EC-130E"突击队独奏"升级为"突击队独奏Ⅱ"型。

2004年9月，新型EC-130J正式服役，该机被称为"突击队独奏Ⅲ"，是美军唯一实施心理战的信息作战支援飞机。

EC-130E 和 EC-130J 由宾夕法尼亚州空军国民警卫队第 193 特种作战联队第 193 特种作战中队运行，隶属美国空军特种作战司令部管辖。两型飞机的心理战行动，也得到美国陆军的大力协作和支持。美国陆军第四心理战大队负责向第 193 特种作战联队提供技术指导。飞机播放的材料通常是第四心理战大队录制好的节目，飞机任务机组只需进行播放即可；即使是实时广播，第四心理战大队也会派出特定的语言专家一起共同完成任务。

为了进行无线电和电视广播，EC-130E 飞机上安装了大量广播设备，主要有调幅广播分系统、调频广播分系统、电视广播分系统、接收分析分系统和发射接收天线阵。这些广播设备能够覆盖几乎所有民用调频广播频段、各种电视频道、超短波军用通信频段等。机上安装了各种制式的视频磁带机、光盘播放机以及电视制式转换设备等，还专门安装一个大功率发电机组提供电源。发射天线阵安装在机身外部、机翼下以及吊舱内，其中安装在垂直尾翼上的 4 个电视发射天线特别突出。

EC-130E 可以称为一个飞行的"广播电视中心"。

EC-130J 与 EC-130E 作用类似，只是机载任务设备进行了全面升级，换装为最新式的数字式广播设备，并增加了网络和数字通信系统，增加了高清电视节目播放、网络节目播放，以及数字式的手机短信和语音插播等，功能更为强大。据美国空军介绍，EC-130J 上集成的心理作战的特殊任务设备能够同时进行多达 14 组相同或独立的广播。信息播放主要使用数字存储的媒体（如硬盘），也能使用传统媒体格式（CD/DVD 等）。除了预先录制的消息外，EC-130J 还能够进行实时广播。EC-130J 的广播任务，包括标准的 AM 电台、3 个商用电台波段等，并可进行现场直播，还可以使用其宽带卫星通信接收电视和无线电节目进行转播。

EC-130J 共有 11 名机组人员。飞行机组人员包括 1 名飞行员和 1 名副驾驶，任务机组包括 1 名战斗系统军官、1 名任务机组主管、5 名电子通信系统操作员和 2 名内容装载人员。飞机的后舱包括一个有 4

EC-130J 携带了两个大型吊舱

EC-130J 的尾翼上有非常醒目的 X 型天线

电子战飞机： 在天空飞翔，在电磁空间战斗

个操作员站的任务系统控制舱，以及一个装有控制架和任务系统箱的任务系统舱。

一般情况下，EC-130J 单架飞机独立工作，在目标群上空飞行，对手机、电视、AM/FM 和短波收音机等发射信号。EC-130J 还具有其他一些能力，包括通信电子攻击、情报搜集、通信与中继控制等，并在网络被敌方拒止的情况下提供互联网和通信连接。有报道称，EC-130J 还能够执行潜在的网络攻击任务。

EC-130J 除了拥有先进的任务系统外，还装备了先进的防护系统和导航系统。EC-130J 上装有箔条和曳光弹投放器、红外干扰机和雷达告警接收机等。这些电子战装备让飞机具备了强大的自卫能力。不过每次执行任务之前，EC-130J 都要根据最新的战场情况确定安全的航线，确保在对手地空导弹和空空导弹射程之外的安全空域飞行。

2022 年 9 月 17 日，第 193 特种作战联队的一架 EC-130J "突击队独奏"飞机在宾夕法尼亚州兰开斯特机场了最后一次广播

听我独奏——美国空军 EC-130 心理战飞机

美国空军国民警卫队第 193 特种作战联队共有 7 架 EC-130J，其中 3 架是"突击队独奏"配置，另有 4 架是"超级 J"配置，用于执行人员和货物空投、以及渗透等灵活特种作战。不过，这 4 架"超级 J"飞机保留了心理战能力，能够广播 AM/FM 和短波无线电，但缺乏其他 3 架飞机的电视广播能力。

自诞生以来，EC-130J 经过了不断升级，升级的主要系统是内部的数字广播系统，称为多任务重型平台（MMP-H）。2019 财年实现了初始作战能力。与原设备相比，MMP-H 提供了升级的广播能力。同时，机翼下的吊舱被新的"多任务外部吊舱"（MMP-E）所取代。新吊舱是雷声公司通信电子攻击监视和侦察吊舱的增强型，提供了拓展的电子攻击能力，据称还能对敌方电子设备进行干扰或插入"蠕虫"或其他病毒软件。

EC-130J "突击队独奏"飞机

不过，升级计划似乎没有来得及完全实现。2022年9月17日，第193特种作战联队在宾夕法尼亚州兰开斯特机场举行的社区日航展上向观众传送了他们的最后一次广播，结束了该部队54年的心理战任务。3架EC-130J"突击队独奏"正式退出现役。

退役仪式上，EC-130J发出了最后一条语音广播："突击队独奏，音乐关闭。"

心理轰炸机
——美国空军 EC-130E/J 的作战应用

电子战飞机：在天空飞翔，在电磁空间战斗

从古至今，心理战在战争中都发挥着重要作用。只不过随着时代的发展，心理战的手段日新月异，从以前的投掷传单、喇叭喊话到后来的广播、电视、短信等，各式心理战武器越来越先进，迈入了高科技装备的行列。

在现代战争中，心理战的运用日趋成熟。20世纪90年代以来，美国先后发动了海湾战争、科索沃战争、阿富汗战争和伊拉克战争等一系列战争，在所有这些战争中，美国EC-130系列心理战飞机表现都相当活跃，成为美军信息作战的利器。运行EC-130的宾夕法尼亚州空军国民警卫队第193特种作战联队在国民警卫队中也成为执行部署任务最多的一支部队。

1990—1991年，美军将多架EC-130E部署到沙特阿拉伯和土耳其，以支持"沙漠盾牌"和"沙漠风暴"行动。在"沙漠盾牌"行动中，EC-130E通过空投传单以及播放广播等方式，对伊军发动心理攻势。"沙漠风暴"行动中，在多国部队掌握了制空权后，EC-130E在战区上空盘旋飞行的次数和广播时间不断增加，曾连续数十天每天飞行长达14小时。EC-130E的广播对动摇伊拉克军心，瓦解伊拉克地面武装发挥了巨大作用，在多国部队发动地面进攻时，有大批伊军放弃抵抗，向盟军投降。

1997年9月，美国将EC-130E部署到意大利布林迪西，开始针对前南斯拉夫地区进行宣传，为激化该地区的民族矛盾推波助澜。1999年，科索沃战争爆发，EC-130E更频繁出没于南联盟空域，一方面宣传炫耀北约军事力量的强大，同时对南联盟政府和军队进行诋毁。

EC-130E 参加了美军近年大量军事行动

　　1999年4月5日，大批贝尔格莱德市民称在家中接收到北约方面的电视信号，其中有塞尔维亚语在进行播报。据美国媒体透露，这是美军利用EC-130E向塞族宣传科索沃战争的"真实情况"。

　　在北约对南联盟的空袭期间，南联盟民众曾多次在电视屏幕上看到标有"北约联社之声"的图像，以及带有北约标志的南斯拉夫地图，下方配有各式宣传的字句，同时，北约还经常利用EC-130E上的广播电台大肆对米洛舍维奇进行攻击。

　　可以说，伴随着北约的空袭，北约的心理"轰炸"同样密集。

　　2001年，美国发动阿富汗战争。10月5日，就在联军"持久自由行动"开始前两天，EC-130E就首次执行了无线电广播任务。在随后几个月里，2架第193联队的EC-130E共飞行了307架次，向阿富汗民众和塔利班武装进行广播。整个战争期间，先后有6架EC-130E被派往阿富汗战场。每天几乎都会有1、2架EC-130E飞机在空中飞行，广播时间经常长达10个小时以上，有时甚至全天24小时不间断广播。EC-130E一旦飞抵目标区域上空，机组人员会用预先准备好的磁盘，放入播放机开始广播。美军的空中广播分为两种模式,第一种针对塔利班武装分子进行恐吓,典型语言是:"小心点,美军的炸弹将落在你的窗户上。"EC-130 曾经在阿富汗东部地区 3 千米的高空上,用 850.0 兆赫的无线电频率对塔利班武装士兵进行喊话:"塔利班和基地组织的士兵们,你们别藏了,我们知道你们躲在哪里,你们都是我们的打击目标!"针对阿富汗普通民众,主要进行宣传,诸如"美军到这里来是为了摧毁恐怖组织,不会影响你们的生活"等。

美军通常先是播放一段阿富汗当地语言广播,然后针对"基地"组织的阿拉伯武装人员用阿拉伯语进行宣传,随后还会放一段节奏鲜明的阿富汗地方音乐。EC-130E 的机组人员表示,在塔利班统治时期,许多阿富汗人长期都没有听到过音乐,所以向塔利班武装人员播放音乐,会产生巨大的心理震撼效果。

2003 年,EC-130E 参加对伊拉克的"自由伊拉克行动"

同样，在2003年美英联军发动伊拉克战争前夕，一场由EC-130E飞机主导的心理攻势也先于火力打击打响。从2002年12月开始，EC-130E就在伊拉克境内大量抛洒传单，向伊拉克民众公布收听的广播频道，而这些广播均来自EC-130E。EC-130E每天负责对伊拉克民众进行5小时的广播。为了吸引听众，在最初的节目中，还包含了阿拉伯及美国的流行音乐。为达到丑化萨达姆的目的，也大量播放有关萨达姆私生活的电视剧。

随着战争的正式爆发，共有4架EC-130E部署到三个不同的作战区域，一天之内，所有4架飞机同时在空中行动，这也是历史上是前所未有的。EC-130E根据战争的进程不断调整广播内容。如开战之初，EC-130就发布萨达姆已被炸身亡以及伊军第51师宣布投降等内容，以打击伊军的战斗意志。

2017年，EC-130J在中东执行"内在决心"行动

电子战飞机： 在天空飞翔，在电磁空间战斗

  2003年4月10日，也就是美军攻占巴格达的第二天，一个新的电视台——"走向自由"电视台开始工作，还播放了美国总统和英国首相向伊拉克人民的"问候"。其中，EC-130E负责用伊拉克以前的电视频道进行5小时的转播。

  在"奥德赛黎明"行动中，美军出动了新型的EC-130J飞机。

  在2011年3月开始的对利比亚的"奥德赛黎明"空袭行动中，为了削弱利比亚领导人卡扎菲的力量，多国部队派出了EC-130J展开了心理攻势。

  美军出动EC-130J向利比亚政府军播报信息，通过英语和阿拉伯语告诉利比亚军队放下武器、停止抵抗。有无线电爱好者侦听到了相关的信息，在英美等国军舰在利比亚海域进行海上封锁时，一名男子使用英语、法语以及阿拉伯语试图阻止利比亚船只出海，不断播放"利比亚船只、舰艇不得离开港口""卡扎菲政权的军队违反了旨在结束我国（利比亚）敌对局面的联合国决议""如果你试图离港，将立即遭到袭击并被摧毁"等内容。

  随着美军心理战飞机的退役，这些心理战和信息作战的经典战例也将载入人类战争史以及电子战飞机的发展史。

俄罗斯"黑鸭"
——俄罗斯伊尔-20M"黑鸭"信号情报飞机

电子战飞机： 在天空飞翔，在电磁空间战斗

伊尔-20M是俄罗斯空天军最神秘的飞机之一，在苏联和俄罗斯服役了四十多年，外界依然对其知之甚少。

伊尔-20M是基于伊尔-18运输机改装而成的信号情报飞机，外形与伊尔-18相同，而且保持了伊尔-18的舷窗，但其他方面做了全面改进，加装了大量天线。首架伊尔-20M原型机于1968年完成首飞。在1973年至1976年间，苏联生产了约20架伊尔-20M。

北约在1978年首次侦察到伊尔-20M的存在，当时北约战斗机在波罗的海上空发现这种之前从未遇到的新飞机，随后将其命名为"黑鸭"（Coot-A）。

俄罗斯方面对伊尔-20M一直守口如瓶，没有提供任何有关该机的信息以及飞机内部的照片。

伊尔-20M是俄罗斯空中信号情报的主力搜集平台

俄罗斯"黑鸭"——俄罗斯伊尔-20M"黑鸭"信号情报飞机

伊尔-20M 的作用类似于美国空军 RC-135"联合铆钉"电子侦察飞机。不过相比 RC-135,伊尔-20M 可能功能更多。其设计理念在当时具有很高的创新性。它将电子情报(ELINT)、通信情报(COMINT)、图像情报(IMINT)和雷达探测集成到一架飞机上,使其成为一个多传感器情报搜集平台,具备强大的情报侦察能力,可实现远程、全天时和近全天候条件下的多源情报搜集。

俄罗斯目前的伊尔-20M 机队是 1991 年 12 月苏联解体后从苏联空军继承的。到 20 世纪 90 年代末,只有不到 12 架伊尔-20M 仍在服役。据估计在 2020 年前后俄罗斯还有 10 架伊尔-20M,主要包括有 4 种配置。数量最多的是基线型伊尔-20M,共有 6 架,另外有 2 架为升级型伊尔-20MS,其特点是安装了新的传感器和系统,包括卫星通信天线和机身中央位置处的一部新型雷达,该雷达可能是用于广域监视的动目标指示雷达。机头下安装了光电传感器塔。另外有 1 架据称改装成伊尔-20MAnagramma 型,其后机身上有非常独特的天线,包括一个平板天线,可能是新一代相控阵雷达。伊尔-20M 最新的改型被命名为伊尔-20MS"评论者"(Reviewer),配备了导弹告警接收机,以提供对单兵携带式防空系统的保护。在 2014 年,北约发现了一架这种配置的飞机。当然,俄罗斯并没有宣布这四种不同的型号配置,西方国家主要是通过其外形、天线和吊舱上的不同进行判断的。

伊尔-20M 的主要载荷包括:

——"正方形-2"(Kvadrat-2)和"菱形-4"(Romb-4)组成的电子情报系统,分别安装在后机身下方和驾驶舱后面,可探测、定位和识别敌方地对空监视雷达,进而形成电子战斗序列。

——"针-1"(lgla-1)侧视机载雷达(SLAR)。据称这是苏联首型正式投入应用的相控阵雷达,安装在飞机前机身下一个 10.25 米长、1.15 米高的大型独木舟形整流罩中。

——"樱桃"(Vishnaya)通信情报系统,位于驾驶舱后的机身顶部,用于探测、记录和定位敌方通信。

——A-87P 远程倾斜相机系统,位于前机身两侧各一个长 4.4 米、宽 0.88 米的整流罩中。

Il-20M 还配备了多种自卫系统,包括雷达告警接收机、导弹逼近告警器以及箔条/曳光弹投放器。

自服役以来,伊尔 –20M 一直是俄罗斯空中信号情报的主力搜集平台。从 1979 年到 1990 年,两架伊尔 –20M 部署在克里米亚的卡查,两架部署在格鲁吉亚的第比利斯,对土耳其和伊朗的军事行动进行侦察,还有两架部署在俄罗斯远东的哈巴罗夫斯克,对日本和韩国进行监视。

20 世纪 80 年代,在阿富汗战争中苏联出动了伊尔 –20M 对抵抗组织及其支持方进行侦察,对定位这些武装部队发挥了重要作用。

自 1994 年以来,俄罗斯一直使用伊尔 –20M 打击伊斯兰极端分子。并针对 20 世纪 90 年代中期伊尔 –20M 在车臣战争中应用,对飞机进行了重大升级,将模拟系统升级为数字系统,并将卫星通信能力集成到该平台上,从而使情报能够实时传递给地面指挥官或其他飞机。

自 2015 年 9 月 24 日,俄罗斯派出伊尔 –20M 飞往叙利亚,先后有

2018 年 9 月 17 日,一架编号 RF-93610 的伊尔 –20M 飞机被叙利亚导弹击落

俄罗斯"黑鸭"——俄罗斯伊尔-20M"黑鸭"信号情报飞机

6架伊尔-20M在叙利亚执行了情报搜集任务。这些飞机能够精确探测恐怖分子的总部地点、通信中心、武器储存设施,甚至其高层领导人和指挥官的藏身处。飞机机组人员不仅包括雷达系统操作员,而且还有语言学家,能够听懂当地不同的方言,通过监控和追踪恐怖分子的无线电通信,对其进行定位和跟踪,所搜集的情报也经常用于对俄军巡航导弹提供目标瞄准。伊尔-20M还用于保护在地中海东部航行的俄海军舰艇以及叙利亚的赫梅米姆空军基地,搜集附近美国、英国和法国船只和飞机的无线电信号。

2018年9月17日,在叙利亚上空发生了一场惨案。一架伊尔-20M被叙利亚击落,机上15名机组全部丧生。17日莫斯科时间18时,编号为RF-93610的伊尔-20M正在地中海上空执行情报搜集任务,监视北约和以色列军舰在东地中海的无线电传输。22时07分,飞机在距离叙利亚海岸35千米飞行时,叙利亚防空部队发射了一枚S-200地对空导弹,击落了伊尔-20M,机上所有机组人员全部丧生。

这张伊尔-20M的照片显示了飞机前机身下方悬挂式"针-1"侧视雷达的以及机身侧面的"菱形-4"电子情报系统

2014年2月28日，首架伊尔-20MS完成了升级改进

随后的调查显示，事故发生前几分钟，4架以色列空军F-16I对叙利亚发动了空袭。伊尔-20M很可能是被叙利亚方面误判为以色列攻击飞机而被攻击的，显然伊尔-20M被击落是以色列精心策划的一出"借刀杀人"。

2022年2月，在俄罗斯对乌克兰发动特别军事行动前后，伊尔-20M的活动大幅增加，俄罗斯在靠近白俄罗斯边境的塞什查空军基地为伊尔-20M建立了一个新的前沿作战基地。2022年3月初拍摄的卫星图像显示，1架伊尔-20M与2架伊尔-22PP电子干扰飞机共同出现在该基地……

对于伊尔-20M的未来，按照俄罗斯计划，当前所有6架伊尔-20M都将升级为伊尔-20MS，到2025年组成一支由8架伊尔-20MS飞机和至少6架图-214R组成的侦察机队。

古老的新飞机
——俄罗斯伊尔-22PP "伐木人" 电子战飞机

电子战飞机： 在天空飞翔，在电磁空间战斗

　　2016年10月26日，俄罗斯联合航空制造集团公司向俄罗斯国防部交付了3架新型伊尔-22PP"伐木人"大型电子干扰飞机。从新闻报道的照片中，人们惊讶地发现这三架新飞机居然是有着三十多年机龄的伊尔-18老飞机，其中一架的垂直尾翼上还保留着苏联时代的红星标志。新型电子战飞机竟然还使用20世纪50年代末投入生产的四发涡轮螺桨短程客机作为载机，令人惊诧，也让人对俄军的现状感到唏嘘。

2016年，3架伊尔-22PP"伐木人"电子干扰飞机交付俄罗斯空天军

伊尔-22PP电子战飞机的研制始于2009年，但直到2016年才正式交付俄军，在2017年俄罗斯庆祝空军成立105周年时首次亮相。按理说，如此重要的飞机应该选用一个现代化的平台而不是70多年前设计的老式飞机作为载机。俄罗斯当时也曾考虑过采用安-140、安-158以及图-214飞机作平台。不过，这些型号在2009年都还没有做好装备新型电子战系统的准备，而且安东诺夫系列运输机的研制方——安东诺夫设计局在苏联解体后留在了乌克兰，所以俄罗斯最后只能选用老式的伊留申客机了。

俄罗斯一位军事分析家指出，电子战飞机对俄罗斯必不可少，而俄罗斯又没有其他更多的机型可以选择。之所以将新装备放到一匹"值得信任的老马"上，是因为没有更好的选择。要么没有电子战飞机，要么没有好平台，两者只能选其一。

不过，尽管伊尔-22PP的载机很老，但其机载电子战系统还是新近研制的，体现了俄罗斯最先进的电子战技术水平。伊尔-22PP"伐木人"电子战飞机能够压制多种无线电信号，其主要作战对象是防空雷达、预警飞机、空军指挥所以及地面通信中心，能够干扰敌方作战飞机、侦察飞机以及无人机的无线电通信，还能够对舰载电子装备实施干扰，此外该机还可干扰太空装备用于提供目标指示或进行通信的通信频道。

伊尔-22PP主要的电子战系统是"秋葵"侦察/有源干扰系统。机身两侧的4个白色整流罩里安装有L-415电子战天线，此外还有一个天线会在飞行中打开，长达几十米。

据俄研制人员介绍，伊尔-22PP在启动电子干扰系统之前，会对其作用区域内的无线电信号进行扫描，确定目标后，其强大的干扰系统可以有选择地拒止敌方装备，同时能防止敌方的电子战攻击。

"伐木人"的机载电子战系统一般先对信号源进行侦察、探测和识别，将地面、海面和空中目标的坐标记录下来，然后用精确复制的信

伊尔-22PP机身两侧有4个明显的白色整流罩

号对敌方的无线电信号源实施欺骗。机载电子战系统能够自动跟踪并记录被干扰设备频率的变化，然后相应地改变干扰频率。由于能敏捷地进行频率选择，从而能有效对准敌方使用的频率。此外，该机在干扰时不会影响飞机自己通信的正常使用。伊尔-22PP机组有20人左右，舱室内部分为多个不同的任务空间。

目前3架伊尔-22PP"伐木人"电子战飞机显然无法满足俄军的作战需求。2017年，有报道称，俄罗斯启动了"伐木人-2"的研发工作。该系统的性能特征不得而知，但有一点可以肯定，那就是该系统会将作战对手的卫星纳入干扰范围。俄罗斯国防部专家委员会在强调该机数量的重要性时曾表示："为了有效压制潜在作战对手的卫星信号，俄罗斯每个军区都需要1个电子战飞机中队，总共需要4个电子战飞

2021年7月29日，一架意大利F-35A战斗机在黑海地区上空对俄罗斯序号为RF-90786的伊尔-22PP电子战飞机进行拦截

机中队，每个中队配12架电子战飞机。"

考虑到电子战飞机服役时间一般较长，而现役的伊尔-22PP至多还可服役10年，因此，俄国防部会重新选择载机平台，开发新的电子战飞机。俄军目前已经初步确定了3种载机。一种是图-214民用飞机，另一种是伊尔-76军用运输机，还有一种是伊尔-276军用运输机。由于军用运输机的野战性能更好，所以从两种军用运输机中挑选一种的可能性更大。

2021年7月29日，北约在波罗的海执行空中警戒任务的战斗机在该空域飞行的俄罗斯飞机进行跟踪、识别和拦截。俄罗斯机群包括2架伊尔-22PP"伐木者"电子战飞机、1架苏-24战斗机和1架伊尔-7运输机，正从加里宁格勒飞往俄罗斯。据报道，西班牙空军的"欧洲战斗机"以及意大利空军的F-35对俄罗斯飞机进行了识别和拦截。北约方面称，俄罗斯飞机事前没有通报飞行计划，也没有发射转发器码，对民用航空构成潜在威胁。北约对俄罗斯战机的拦截活动向来很多，而此次拦截之所以引起了外界的关注，是因为这是北约首次在该地区拦截到伊尔-22PP电子战飞机。

在2022年爆发的俄乌冲突中，俄罗斯出动了伊尔-22PP电子战飞机对前线作战提供支持，不过具体的应用尚不得而知。

3月3日西方的卫星图像显示，俄罗斯在距离乌克兰160千米的塞什查（Seshcha）空军基地中部署有2架罕见的伊尔-22PP飞机以及1架伊尔-20M电子侦察飞机。

3月24日，有报道称俄罗斯伊尔-22PP电子战飞机出现在白俄罗斯南部地区上空。4月4日，乌克兰空军宣称用导弹击落了一架伊尔-22PP电子战飞机。随后又改称是击伤了该机，飞机最终降落在俄机场。俄罗斯最新的电子干扰飞机竟然被乌克兰的苏制防空导弹击中，如果真有此事，那就会是此次交战中俄罗斯电子战最大的"失败"了，而且也会成为电子战飞机作战战例上最"黑色"的一页。不过，这也

古老的新飞机——俄罗斯伊尔-22PP "伐木人" 电子战飞机

俄乌冲突中，2架伊尔-22PP（左上）曾部署到距离乌克兰160千米的俄罗斯布良斯克州塞什查空军基地空军基地

可能仅仅是乌克兰的宣传而已。

相比苏联时期，苏军型号众多、数量庞大的电子战飞机而言，俄罗斯如今寥寥数架伊尔–22PP可能是其电子干扰飞机最后的"颜面"了。

欧洲"咆哮者"——德国欧洲战斗机"台风"ECR飞机

从冷战至今，欧洲在机载电子攻击方面高度依赖美国，只有少数国家拥有少量的进攻型电子攻击飞机，这已经成为欧洲空中力量的一个致命短板。欧洲国家必须依靠美国提供支援干扰，这个缺陷在1999年科索沃战争中已经表现出来。到2011年，当北约战斗机前往利比亚执行打击任务时，即使面对的只是20世纪70年代的苏制老式防空系统，欧洲多国空军也不得不依赖美国的EA-6B和EA-18G提供掩护。整个欧洲大陆，虽然具备一定的防空压制能力，但主要是通过发射反辐射导弹取得的，并不具备执行支援干扰的现代化能力。

随着威胁的不断发展，欧洲国家发展新型专用电子战飞机的需求越来越迫切，强烈希望开发欧洲本土的电子攻击飞机以应对日益强大且不断扩散的防空力量。2022年，德国在此方面迈出了实质性的一步。

德国现役的战斗机主要包括134架"台风"以及75架"狂风"IDS对地攻击型和20架"狂风"电子战斗/侦察（ECR）型飞机。按照德国国防部的计划，所有"狂风"将在2025—2030年间全部退役。为此德国一直在谋求采购新型战机。

欧洲"咆哮者"——德国欧洲战斗机"台风"ECR 飞机

2022年3月14日,德国宣布将订购35架美国F-35A"闪电Ⅱ"战斗机来替换"狂风"战斗机,此外研发一种双座ECR型的欧洲战斗机以替换"狂风"ECR型飞机,推翻了此前购买美国EA-18G的决定。弃选EA-18G并转向自行研制电子战飞机,很大程度上与德国决定发展本国自主的电子战力量有关。德国空军可能将采办15架欧洲战斗机ECR电子战飞机以满足德国对机载电子攻击能力的需求。

此前在2018年,德国空军就启动了"电磁频谱机载应用"(LuWES)项目,寻求研制一型电子战专用飞机。2019年,空客公司提出"欧洲战斗机ECR"概念,该机将由空客公司、亨索尔特公司、MBDA公司、劳斯莱斯公司等多家公司合作开发,分为防区外干扰、随队干扰以及带空射诱饵的防区内干扰三种类型。其功能包括随队干扰、对敌防空压制/对敌防空摧毁以及防区内干扰,目的是赋予欧洲战

2022年6月展出的全尺寸"欧洲战斗机EK"模型

展出的用于欧洲战斗机 ECR 的随队干扰机模型

斗机"台风"全面执行机载电子攻击任务的能力。

2022 年 6 月在柏林国际航空航天展上,空客公司展出了被称为"欧洲战斗机 EK"的欧洲战斗机 ECR 电子战飞机的全尺寸实体模型。多家欧洲厂商也推出了可用于该型电子战飞机的解决方案。

欧洲战斗机 ECR 的任务载荷主要包括 4 枚"流星"远程空空导弹、2 枚 IRIS-T 近程空空导弹、2 个随队干扰吊舱、2 个翼尖辐射源定位系统。根据任务不同,还可以选用"电子战之矛"、反辐射导弹以及"矛-3"精确空地导弹等不同的配置。

从展出的机载武器及电子战配置可以看出欧洲战斗机 ECR 除了强大的电子攻击能力外,还具备强大的空战能力和反辐射打击能力。

"台风" ECR 携带的随队干扰吊舱,由德国亨索尔特公司负责研制。根据此前的报道,吊舱的中部为发电部分,包括冲压空气涡轮发电机和低压电源以及冷却装置。吊舱前部和后部各装有一个电子支援 / 干扰模块,其中包括超宽带数字电子支援接收器,提供准确的测向和目标识别,吊舱两端是氮化镓固态有源电扫阵列发射机,前后向均具备干扰能力。

2020年4月，德国亨索尔特公司推出了"利刃攻击"（Kalaetron Attack）机载电子攻击概念，以支持德国空军的LuWES项目需求。"利刃攻击"系统基于数字射频存储器架构和基于氮化镓的有源电子扫描阵列，采用全数字化设计，能够在很宽的频率范围快速探测敌方防空威胁并确定其位置。该系统将人工智能、数字化和有源电扫阵列技术相结合，能够干扰最新型的雷达。

2022年10月，亨索尔特公司称将与以色列拉斐尔公司协作，对拉斐尔公司的"天空盾牌"（Sky Shield）电子战吊舱进行集成与改进，作为成熟的随队干扰机并采用"利刃攻击"技术，为德国空军的机载电子战能力需求提供现成且成熟的解决方案。

欧洲战斗机ECR上另一个新型电子战系统是莱昂纳多公司与MBDA公司联合研制的"电子战之矛"（SPEAR-EW），它是以MBDA公司"矛-3"精确空地导弹为基础研制的一型电子干扰机，集成了莱昂纳多公司的小型化数字射频干扰有效载荷，作为防区内干扰机和诱饵，用于压制和欺骗敌方防空系统，类似美军的"小型空射诱饵-干扰机"（MALD-J）。"电子战之矛"重量不到100千克，长度约2米，自主飞行时间长达37分钟，作战距离至少为100千米，一架"台风"最多能够携带6枚"电子战之矛"。"电子战之矛"也可以和"矛3"组网协同，以蜂群作战的方式执行对敌防空压制，通过采用3枚"电子战之矛"和3枚"矛3"分别进行非动能攻击和动能打击，拓展了任务的灵活性。

在机体上，欧洲战斗机ECR采用"前座飞行员+后座电子战军官"的双人机组设计，并对"台风"战斗机座舱进行了大幅度改进。此外，欧洲战斗机ECR与"狂风"ECR一样，具有一个功能强大的辐射源定位系统。

"台风"ECR电子攻击飞机集有源干扰、无源定位、反辐射打击于一体，将具备与美国EA-18G类似的功能，被称为欧洲的"咆哮者"。

欧洲战斗机 ECR 还将与欧洲的未来空战系统进行集成，形成欧洲未来的空中作战体系。

由欧洲研制的电子战型欧洲战斗机将出现在欧洲的天空。

按现在的计划，那一年应该是 2028 年。

"电子战之矛"能够与"矛 3"以蜂群的方式实施对敌防空压制和摧毁

电磁频谱中的"狂风"
——欧洲"狂风"ECR电子战斗/侦察飞机

电子战飞机： 在天空飞翔，在电磁空间战斗

如果将欧洲的电子战飞机排在一起拍个合影，占据"C位"的无疑会是"狂风"（Tornado）ECR。

因为它是当前整个欧洲唯一的一型防空压制飞机，多次参加实战，成为在各种作战"大赛"中，欧洲国家唯一能派上场，与美国 EA-6B 和 F-16CJ 同场竞技的选手。

"狂风"是由意大利、英国和德国（西德）联合研制的一型双座多功能战斗机，1974 年 8 月 14 日首飞，1979—1980 年投入使用。"狂风"共有三种型号："狂风"IDS 拦截 / 打击型、"狂风"ECR 电子战斗 / 侦察型和"狂风"ADV 防空型。

德国空军的"狂风"ECR

意大利空军的"狂风"ECR

德国和意大利的"狂风"ECR 是由"狂风"IDS 改装而成的

通过观察美军在越南战争中防空压制飞机的运用,欧洲国家认识了防空压制在现代战争中的巨大作用,意识到需要装备类似于美国 F-4G 和 F-16CJ 的专用防空压制/摧毁的"野鼬鼠"飞机。德国空军率先提出要研制用于防空压制的"狂风"战斗机,通过改装以携带"哈姆"反辐射导弹和相关的辐射源定位系统,使"狂风"具备类似于"野鼬鼠"的能力。1990 年 5 月 21 日,首架"狂风"ECR 交付德国空军,随后意大利和英国也开始装备 ECR 型"狂风"。德、英、意三国空军装备数量分别为 35 架、30 架和 16 架。不过,三国空军的"狂风"ECR 各有不同,德国和意大利的"狂风"ECR 是在 IDS 基础上改进的,去掉了前机身下的两门机炮,增加了新的传感器、干扰机、辐射源定位系统、干扰吊舱等侦察与电子战设备。德国"狂风"ECR 上的电子战装备包括诺斯罗普·格鲁曼公司和 EADS 公司联合研制的"增强型雷达告警设备(ERWE)Ⅱ系统、雷声德国公司的辐射源定位系统(ELS)、萨博公司的 BOZ 101 对抗措施投放系统。意大利"狂风"ECR 使用的电子战任务设备类型与德国相似，不同的是采用的是意大利电子公司的"先进雷达告警设备"（ARWE）、ELT/53（V）内装式雷达干扰机，以及 BOZ102 对抗措施投放吊舱。

"狂风"ECR 都装备了"哈姆"反辐射导弹并保留了对地攻击和空战能力。德国与意大利的"狂风"ECR 一般携带 2~4 枚"哈姆"反辐射导弹，并可携带 2 枚"响尾蛇"空空导弹用于自卫。德国曾经准备研发一型智能制导与增程反辐射导弹（ARMIGER）以替代美国的"哈姆"，但最后由于成本因素而放弃。

英国则用专门的"狂风"ADV F.3 型来承担对敌防空压制和摧毁任务，携带该国自研的 ALARM 反辐射导弹。

"狂风"ECR 上具有鲜明特色且可能超过美国的是机载辐射源定位系统。该系统由雷声德国公司研制，对雷达辐射源进行探测，通过改变飞机的位置，进行三角定位，从而确定雷达源的位置，并通过数据库确定敌方的雷达。系统数据传输到机组人员的战术显示器进行评估以采取对应的措施，对定位的威胁可传递给其他作战平台以进行规避或打击。

2005 年，德国推出了新型快速辐射源定位系统（FELS），对 ELS 进行了升级。该系统能在 10~15 秒内通过单机实现对辐射源的精确定位，其数据可以直接用于反辐射导弹以及其他精确制导武器进行目标瞄准。相比 ELS，FELS 在跟踪数量上有了大的提升，同时威胁数据库也得到了拓展。此前的 ELS 主要针对欧洲战场上可能遇到的威胁，主要是苏制/俄制的威胁系统，FELS 拥有一个扩展的威胁数据库，包含了比以前更多的防空雷达数据。FELS 采用了独特的相控阵天线系统，应用了长基线和短基线干涉仪测量技术，实现了对威胁的快速测向和定位。

"狂风"ECR 问世以来，多次参加北约的各种演习，如在德国举行的"精英"（Elite）电子战演习以及北约的"拉姆斯泰因卫士"（Ramstein Guard）演习等，通过一体化防空系统训练对敌防空压制战术。比如为应对敌防空系统采取的电磁静默战术，"狂风"ECR 将对预警和控制中心的雷达实施干扰，迫使防空系统开启自身的雷达系统从而对其实施攻击。此外还演练了与战斗机的编队组合。

"狂风"ECR 参加的实战主要是对科索沃的空袭。北约对南联盟发动的"审慎力量"和"盟军行动"是二战后在欧洲进行的最大规模的防空压制行动。在 1995 年 8 月 30 日至 9 月 20 日，北约对南联盟实施的"审慎力量"行动中，北约部署了 600 架飞机，其中 54 个平台专门用于对敌防空压制和信号情报收集。美国部署了 EA-6B "徘徊者"、EC-130H "罗盘呼叫"和 EF-111A "渡鸦"、F-16CJ 和 F-4G "野鼬鼠"，18 架意大利和 8 架德国的"狂风"ECR 参加了对敌防空压制行动。

在 1999 年 4 月~6 月的"盟军行动"中，德国空军的"狂风"ECR 共完成了 428 次对敌防空压制任务，发射了 236 枚反辐射导弹，自身无一伤亡。

此后，在 2011 年多国部队对利比亚的"奥德赛黎明"行动中，"狂风"ECR 再次参战。3 月 19 日，法国"阵风"和"幻影 2000"战斗机突入利比亚领空，对利比亚政府军实施了首次空中打击。美英两国发射了 100 多枚"战斧"巡航导弹对利比亚防空阵地实施精确打击，随后，联军的 EA-18G、EC-130H、F-16CJ 和"狂风"ECR 电子战飞机对利比亚实施了电子攻击和防空压制和摧毁。意大利 4 架"狂风"ECR 参与了战斗，在 4 架 F-16 战斗机的配合下，对利比亚防空系统实施了打击。

从 2020 年起，"狂风"ECR 开始逐渐退出历史舞台。德国计划研制欧洲战斗机"台风"ECR 来替代"狂风"ECR，而意大利目前考虑将"狂风"ECR 与 F-35 结合执行对敌防空压制任务，"狂风"ECR 退役后就依靠 F-35 实施对敌防空压制。

德国"狂风"ECR将由"台风"ECR接替

意大利"狂风"ECR与F-35编队飞行

北约决定从 2030 年起，北约欧洲国家必须承担起北约 50% 的对敌防空压制任务。目前，英国的"狂风"已全部退役，德意两国的"狂风"ECR，截止 2022 年，分别只剩下 30 架和 13 架。

由此看来，欧洲在防空压制上依然任重道远。

法兰西"天使"

——法国 C-160G "加百丽"信号情报飞机

2022 年 3 月，法国 C-160 运输机在服役 59 年后正式退役。为了隆重纪念这一事件，法国空军一架涂有特别纪念色彩的 C-160 在 20 天内飞越了法国全境 24 个城市。

两个月后，5 月 22 日，法国空军在埃夫勒空军基地又退役了两架基于 C-160 运输机的特种任务飞机，这比此前计划提前了至少三年。

两架退役的特种任务飞机就是法国空军的 C-160G "加百丽"信号情报飞机。"加百丽"（Gabriel）是传说中的一位天使和守护神，恰好也是法文干扰、研究电子识别空中大队首字母的缩写。

"加百丽"信号情报飞机 1989 年 1 月正式服役，隶属于法国空军代号为"敦刻尔克"的 54 中队。C-160G 采用了改进的 C-160NG 轻型运输机为机身。外表上看，与 C-160 运输机上有较大差别，其中最明显的是前机身下方、后机身两侧和垂直尾翼上安装了整流罩。机身顶部装有用于干涉测向的刀片阵列，机翼两侧挂有翼尖吊舱，同时机头多了一个空中加油探头。该机的飞行高度可达 8000 米，不加油的飞行距离为 5500 千米。

C-160G 用于搜集敌方的雷达和通信信号，其机载任务系统主要由法国泰利斯公司研制，其中电子情报系统是该公司的第一代战术情报分析系统（ASTAC），安装在机内电子舱内，并在翼尖的两个吊舱中安装了干涉测量天线。ASTAC 可在密集电磁环境下探测并定位雷达辐射源，能准确测量截获的信号参数并识别敌方辐射源，具备精确定位能力。据泰利斯公司讲，该系统能探测 25MHz~24.25GHz 的地基、舰载和机载雷达威胁。

C-160G "加百丽"信号情报飞机1989年正式服役

C-160G的翼尖吊舱中装有ASTAC系统的组件

电子战飞机： 在天空飞翔，在电磁空间战斗

  C-160G 的通信情报系统是"自动监听中心"（Epicea）。该系统安装在一个可伸缩的圆桶内，在飞行过程中可从机身底部伸出以探测信号。机身后部两侧还各安装了一台 OMERA-51 摄像机，使飞机具有广角图像收集能力。机背上装有卫星天线，可以通过卫星链路传输数据。C-160G 飞机有 3 名飞行机组和 13 名任务机组，其中包括 4 名电子情报操作人员、8 名通信情报操作人员和 1 名任务指挥官。

  法国空军的两架 C-160G 信号情报飞机参加了 1991 年海湾战争以及此后法国的所有海外行动。在叙利亚和伊拉克的反恐战争中非常活跃，并定期在俄罗斯周边进行侦察。不过，法国空军对"加百丽"的行动历来守口如瓶，所以尽管 C-160G 参加过大量军事行动，但在媒体上很少见到相关的报道。

C-160G 在飞行过程中可以在机身下伸出一个"圆桶"以探测信号

法兰西"天使"——法国 C-160G"加百丽"信号情报飞机

2011年,在利比亚战争中,法国派出了 C-160G 参战。2014 年 9 月,法国在伊拉克实施了 CHAMMAL 空袭行动,两架 C-160G 对伊拉克防空系统进行了密集侦察,为空袭提供了有力支援。但法国媒体和法国政府对此都没有公开予以报道和确认。

2018 年 5 月 17 日,负责在伊拉克和叙利亚境内打击"伊斯兰国"的多国联合特遣部队在其官方推特上对法国打击恐怖分子的空袭行动予以了赞扬。其中配图采用了法国"阵风"战斗机和 C-160G 的照片。不过,很快 C-160G 的照片被删除。

2021 年 9 月,俄罗斯和白俄罗斯军队在波罗的海国家和波兰附近举行了规模浩大的"西方-2021"演习。多个北约国家都派出了侦察飞机对其实施严密的监视,美国空军派出了 RC-135U"战斗派遣",德国海军派出了 P-3C"猎户座",法国空军派出的就是 C-160G"加百利"。而在 2022 年俄乌冲突爆发前以及持续进行过程中,北约大批侦察飞机云集乌克兰周边,对俄罗斯进行侦察监视,相比美国和英国的侦察机,法国的 C-160G 是其中曝光最少的飞机。

C-160G 信号情报飞机参与了法国近 20 年所有海外行动

为适应技术的不断发展，自服役以来，法国对 C-160G 进行了多次改进。2008 年，进行了一次大的升级，更新了战术情报系统，增加了"情报 Q"新型通信情报系统。2013 年，法国空军提出要在新型 A-400M 运输机的基础上研发新的信号情报飞机以替代 C-160G，不过该计划随后被取消。

2018 年，法国正式宣布以达索公司"猎鹰"飞机为基础研发新的信号情报飞机，该项目被称为"战略情报飞机计划"。采用"猎鹰"喷气式飞机有几大优点，其发动机位于飞机的上后部，不像其他商务飞机一样位于机翼下，这样其机载传感器和雷达可以 360 度全向工作，而不会受发动机的干扰。另外该机最大飞行高度可达 1.5 万米，能覆盖更大的侦察范围，这对于在幅员辽阔的中东地区的行动具有很大优势。

2019 年 11 月 18 日，法国武装部队正式开始了该项目的实施，为法国空军采购 3 架配备泰利斯公司新一代"通用电子战能力"（CUGE）有效载荷的"猎鹰 8X"飞机。2020 年 1 月 14 日，法国国防采购局宣布，已授予达索公司和泰利斯合同，第一批两架信号情报飞机将于 2025 年前后交付。

关于 CUGE 能力的具体细节目前透露很少，法国指出，新飞机将具有全新的任务系统，不会沿用 C-160G 的信号情报系统，泰利斯公司将开发最尖端的传感器技术集成到"猎鹰"飞机，为法国武装部队配备前所未有的传感器能力。新的信号情报飞机将能够同时探测、定位和分类通信和雷达射频信号，能探测的信号更多，将包括 5G 手机信号，覆盖的频率范围更广，将实现真正的代际跨跃。

法国，正等待新天使的降临。

斯堪的纳维亚半岛的"猎鹰"
——挪威"猎鹰20"电子战飞机

电子战飞机：在天空飞翔，在电磁空间战斗

在电子战领域，挪威并不占据显著的地位。不过，这个人口只有500多万，现役军人不足3万的国度，却拥有两架电子战飞机。

让挪威在电子战飞机领域拥有一席之地的就是其"猎鹰20"（Falcon 20）飞机。这2架"猎鹰20"飞机隶属挪威皇家空军第717中队，编号为041和053，代号为Da-20，是由"猎鹰"公务机改装而成。

"猎鹰"是法国达索航空公司1966年制造的，1969年交付给挪威用于民用，后来被挪威空军采购，用于要员交通以及运输等，1975年在加拿大进行改装，以执行电子战任务。

挪威皇家空军第 717 中队编号为 053 的"猎鹰 20"电子战飞机

"猎鹰20"主要用于在平时、冲突或战争时期对电磁辐射源进行搜集、识别和定位,重点针对地面和海上防空系统以及空中监视与控制系统进行电子侦察,把数据传送给地面电子战融合中心,补充完善北约电磁数据库。"猎鹰20"还可以分析每部雷达的特定参数(即指纹信息),明确平台的类型,甚至可以确定具体的舰只。

"猎鹰20"机舱

"猎鹰20"的另一项任务是作为训练用机,为挪威海军的舰载与岸基雷达、空军F-16相关设备、陆军地面防空系统和预警节点提供对抗训练,扮演电子"入侵者"的角色,模拟真实的对抗环境对雷达、电子支援和干扰系统的操作员进行训练。在演习中为挪威和其他北约部队提供电子攻击能力,和挪威电子战中心一起对军队进行演练。

此外,"猎鹰20"在雷达告警接收机、干扰机、箔条与曳光弹投放器以及电子侦察设备等电子战系统的测试与评估中也发挥着至关重要的作用。

"猎鹰20"电子战飞机机组成员包括1名机长、2名飞行员和2~3名电子战军官。"猎鹰20"的外形远看与普通的公务机差别不太,主要是在机身下多了一个大容积的方舱,里面装有各种天线,近看机身与普通民用飞机则有很多不同,许多地方都布设了天线。

"猎鹰20"上的电子战装备主要包括：

——雷达干扰子系统，包括7部干扰发射机，其中前端6个、后端1个。覆盖频率为：500兆赫~2吉赫、2~4吉赫、4~8吉赫、8~12.5吉赫。

——通信干扰子系统，包括一部独立的100瓦甚高频（30~300兆赫）和两个100瓦超高频（300兆赫~3吉赫）收发机。

——电子支援子系统，具有战术监视和精确分析能力，

此外飞机还携带AN/ALE-40（V）对抗措施投放系统。

在北约的演习中，挪威皇家空军第717中队通常会参加规划会，制定出详细的演习方案，并量身定制适合演习的各种项目。在演习过程中会根据所确定的干扰对象、干扰频段以及所需要的干扰样式，实施不同类型的干扰，提供从纯噪声干扰到假目标灵巧干扰在内的多种干扰，为参演部队提供接近实战的电磁作战环境。

在进行电子战人员培训时，机组主要任务是对电子侦察操作员进行培训，围绕地面预设的跟踪雷达，演练操作员的定位能力、探测其工作频率并对数据库进行更新。

尽管"猎鹰20"具有较强的电子干扰能力，但也存在明显的局限，就是其干扰功率有限，必须要抵近干扰目标，这样就会使其自身置身于威胁的打击范围内。这种局限性在平常的演习和训练中尚可以克服，但却不适应真实的作战需要。所以尽管717中队是北约响应部队的一员，但却从来没有真正部署到战区，并没有在实战中承担过干扰任务。

不过，作为北约电子侦察力量的组成部分，挪威"猎鹰20"电子战飞机倒是时常出现在俄罗斯周边地区，对俄方的电磁信号进行侦察。比如，2020年8月4日，"猎鹰20"在巴伦支海上空对俄进行侦察，俄罗斯派出一架米格-31战斗机对其进行了驱离。9月8日，"猎鹰20"又数次出现在俄领空周边，并与美国空军的RC-135V/W"联合铆钉"侦察飞机一起对俄实施侦察，遭到俄罗斯米格-29的伴飞与驱离。西方国家与俄罗斯之间的侦察与驱离行为，双方都司空见惯，但"猎

正在执行训练任务的"猎鹰20"

斯堪的纳维亚半岛的"猎鹰"——挪威"猎鹰20"电子战飞机

鹰20"在北约 RC-135、P-3C、EP-3E、R1 等大型侦察机中还是显得非常特别。

将"猎鹰"公务机改装用于电子战任务并非挪威一国,摩洛哥、巴基斯坦、西班牙等国也先后购买并改装过该型飞机,主要用于电子战训练。比如,西班牙空军第472中队列装了两架"猎鹰20"飞机执行电子"入侵者"任务。飞机背部安装有2部大型垂直的刀形天线阵列,机腹有至少4部刀形天线,安装了该国自研的通信干扰系统,具备探测并干扰通信、导航和敌我识别信号的能力。这些国家的"猎鹰"飞机曝光率很低,而且服役时间较长,当前的服役状况不明。2011年,韩国空军提出计划购买两架"猎鹰2000"飞机用于搜集信号情报,应对朝鲜的导弹发射。2017年,两架"猎鹰2000"信号情报飞机正式入役。

目前应用"猎鹰"电子战飞机的国家还包括英国和法国。法国采购了一批"猎鹰"系列飞机并进行了电子战改装,用于演习、训练、测试和研发。英国也拥有一个"猎鹰"电子战机队,主要用于在演习和训练中扮演电子"红军",对部队提供训练。不过英法的"猎鹰"电子战飞机并不是其空军的组成部分,而是属于防御公司的资产,在军方训练和演习时提供服务。

挪威皇家空为"猎鹰20"举行了隆重的退役仪式

电子战飞机： 在天空飞翔，在电磁空间战斗

2022年，挪威"猎鹰20"正式退役。这比原计划提前了一年，在近50年的服役期间，"猎鹰20"累计飞行了超过2.5万小时。根据挪威空军的计划，"猎鹰20"退役后，其任务将由F-35隐身战斗机以及P-8A海上巡逻机取代。

9月30日，挪威皇家空军为"猎鹰20"退役举行了特别的纪念仪式，两架"猎鹰"飞越挪威西部和东部，进行了最后一次告别飞行，随后降落在奥斯陆的加勒穆恩航空站，接受了隆重的过水门仪式。

"猎鹰20"的退役，标志着挪威空军一个时代的结束。

岛国"偷窥者"——日本RC-2电子侦察飞机

电子战飞机：在天空飞翔，在电磁空间战斗

伴随着巨大的政治野心和军事骚动，日本近年来正悄悄摆脱二战后国际条约的束缚，大力发展军力。在电子战领域，也部署了一大批新型装备。RC-2 电子侦察飞机就是其中之一。

RC-2 以 C-2 运输机为基础。C-2 是日本川崎公司研制生产的大型军用运输机，2010 年首飞成功，2016 年正式列装。C-2 的服役为日本自行研发预警机、电子侦察飞机、电子干扰飞机、加油机和战略轰炸机提供了条件。此次在入间基地服役的 RC-2 就是对编号 18-1202 的第二架 C-2 运输机进行的改装。除了 RC-2 电子侦察飞机外，日本还正基于 C-2 开发新型防区外电子战飞机 EC-2，取代日本现役的两架 YS-11EA 以及一架 EC-1 电子干扰飞机。

RC-2 电子侦察飞机的研制工作始于 2015 年，2018 年 2 月在岐阜基地顺利完成了地面滑行试验并成功首飞，6 月 26 日，该机入驻东京附近的入间空军基地，经过两年多的测试，2020 年正式入役。

2020 年 10 月 1 日，日本航空自卫队在入间基地进行了 RC-2 新型电子侦察飞机的正式入役仪式

岛国"偷窥者"——日本 RC-2 电子侦察飞机

RC-2 电子侦察飞机体型庞大，与美军的 RC-135 相仿，算得上是亚洲地区最大的侦察飞机。RC-2 最大起飞重量达 140 吨，巡航速度为 890 千米/小时，飞行高度最高可达 1.2 万米，最大航程达 7600 千米，与世界大多数国家使用的电子情报飞机相比，RC-2 在起飞重量、留空时间、飞行高度和机内空间等方面优势明显。

同其他电子战装备一样，日本对 RC-2 电子侦察飞机的具体性能参数严格保密，没有透露。

从公开的照片看，RC-2 在 C-2 运输机的基础上进行了较大的改进，不仅拥有加长的机鼻雷达罩、机背前后、机身两侧、垂直尾翼顶端以及机尾等处都加装了整流罩，用于安装各式天线。

RC-2 是在川崎重工 C-2 战术运输机的基础上改装而成，其机头、尾翼、机身两侧都进行了改装，机腹装有多个天线

电子战飞机： 在天空飞翔，在电磁空间战斗

RC-2搭载了ALR-X机载电子情报任务系统，这是日本最新一代的电子搜集、探测与分析装置。它包括无线电信号截获、机上处理和显示等设备，分布于C-2机身的天线包括5种信号截获天线和6种方位探测天线。接收和处理设备安装在机舱内，包括接收、信号处理和显示等装置。ALR-X系统具有很高的灵敏度，能够远程搜集宽频谱范围内的电磁信号，其高度自动化的信号处理系统具备同时截获陆、海、空远程复杂电子信号的能力，还可精确测量目标的方位和位置信息，对各类辐射源进行分类定位，并可通过通信卫星与其他空中、海上和地面装备分享信息，并将相关数据传回地面以进行进一步的分析。

此外，该机采取了模块化设计，使其升级维护更加方便。为了更好地保障该型飞机的运行和训练，日本航空自卫队为RC-2专门成立了一个数据分析中心，修建了维修机库以及专用任务电子系统维修中心。

2018年2月，RC-2在岐阜基地完成地面滑行测试和首飞

按计划，RC-2将生产4架，取代目前日本航空自卫队使用的YS-11EB电子情报飞机。日本历来高度重视情报搜集，拥有强大的空中电子情报侦察能力，当前日本空中电子侦察力量主要由日本海上自卫队的4架EP-3情报侦察飞机和航空自卫队的4架YS-11EB信号情报飞机构成。其中EP-3情报侦察飞机由P-3C海上巡逻机改装而来，搭载23名机组成员，具备信号情报与遥测情报（TELINT）侦察能力，1991年开始服役，共生产了5架，编号为9171~9175，隶属于驻扎在岩国基地的第81航空队（VQ-81），2014年2月，编号为9174的飞机在发生地面事故后被注销编号。YS-11EB信号情报飞机隶属日本空中自卫队驻扎在入间基地的电子情报航空队，共4架，编号分别为82-1155、92-1157、02-1159、12-1161。YS-11EB是日本航空自卫队在YS-11C运输机的基础上改装而成，从外观上看，YS-11EB飞机左舷有19个窗口，右舷有3个窗口，飞机背部和腹部有都有明显的天线阵列，后机

RC-2将取代老式的YS-11EB侦察飞机

身的右侧有突出的辅助电源装置。2000年左右，YS-11EB信号情报飞机进行了升级，增加了卫星通信能力，后来又配备了日本东芝公司研制的J/ALR-1和日本三菱重工研制的J/ALR-2任务系统。日本一直利用YS-11EB监视中国和俄罗斯在太平洋西北部及日本海的陆、海、空活动。此外，日本还用YS-11EB监视朝鲜的导弹试验，这意味着该型飞机除执行其核心的信号情报任务外还具备遥测情报侦察能力。YS-11EB1992年服役，虽然进行了多次升级，但普遍面临着机体老化，飞行性能下降，保障困难的问题，因此需要研制新的电子信号情报飞机以替代老式的YS-11EB，于是日本在2015年启动了RC-2的研制。

RC-2服役后，正成为日本空中电子侦察的主力，曾多次高调地前往日本海附近靠近俄罗斯远东的空域飞行，同时日本还增加投入，研发新型电子侦察系统对RC-2进行改进。

有报道称，RC-2可能还具有部分电子攻击能力。

警惕日本的偷窥。

巴尔干上空的较量
——科索沃战争美军电子战飞机的应用

电子战飞机： 在天空飞翔，在电磁空间战斗

1999年3月24日，北约对南联盟发动空袭，科索沃战争爆发。6月9日，南联盟政府签订停火协议，塞族部队从科索沃撤军，战争结束。

历时78天的科索沃战争成为人类历史上首次仅出动空中力量就完成的战争。这场空战是北约成立后最大规模的空战，也是美国在二战后第三大空中力量的战略应用，在规模和强度上仅次于越南战争和"沙漠风暴"行动。

科索沃战争，盟军仅通过空中力量就达成了战争目的，电子战飞机在整个作战中发挥了重要作用，对敌防空压制的效能再一次得到了验证。在78天的空战中，塞族向北约飞机发射了800多枚地空导弹，但只击落了北约2架战机，北约极低的战损很大程度源于成功的对敌防空压制。

历次战争中战斗机损失情况

军事冲突	战斗机出动架次	战斗损失	战损率 /%
第二次世界大战	2498283	19030	0.76
朝鲜战争	591693	1253	0.2
越南战争（仅含空军）	219407	1437	0.65
沙漠风暴（伊拉克）	68150	33	0.04
波黑战争	30000	3	0.01
科索沃战争	21111	2	0.009
"南北守望"行动	268000	0	0
"持久自由"行动	20733	1	0.004

作战架次与对敌防空压制架次估计

军事冲突	战斗机出动架次	对敌防空压制架次	防空压制架次占比 /%
越南战争	219407	11389	5.2
"沙漠风暴"行动	68150	4326	6.3
波黑战争	2451	785	32
科索沃战争	21111	4538	21.5
"南北守望"行动	268000	67000	25

不过，尽管强大的北约相对弱小的南联盟拥有绝对的空中优势，但北约对塞尔维亚防空系统的压制却并非从一开始就取得成功。

一方面，南联盟拥有较强的地面防空力量，战前估计拥有16套SA-3和25套SA-6防空系统，此外还有大量包括SA-7在内的便携式防空武器，同时南联盟充分学习了海湾战争双方的经验教训，使用了新装备并开发了新的战术，采用了灵活的防空策略，防空系统大多分散部署并保持不断机动，对雷达进行有选择性的开机，实行严格的辐射控制。在防空战术上，从北约空袭一开始，塞族防空系统就努力诱骗北约飞机降到较低的高度，使其进入单兵防空系统和防空高炮伏击圈内对其进行攻击，地空导弹采用"狙击手"式的攻击模式，即保持辐射静默，等待出现最佳的条件才对飞机实施攻击。此外，塞族武装通常集中火力对返航编队中最后的飞机进行攻击，因为这些飞机一般没有其他飞机保护同时也缺少燃油，机动灵活性不足。

面对南联盟顽强的防空抵抗，盟军一方面加强战机电子战自卫，同时重点实施了高强度的防空压制。美国实施防空压制的空中力量主要包括空军的48架F-16CJ"野鼬鼠"以及海军及海军陆战队的30架EA-6B"徘徊者"。此外，美国空军3架EC-130H"罗盘呼叫"和2架RC-135V/W"联合铆钉"也发挥了重要作用。四型电子战飞机各司其职，EC-130H主要干扰无线电通信，切断指挥系统与火力系统间的信息交互。EA-6B干扰敌方的预警雷达，切断地空导弹外部情报信息来源，迫使其启动制导雷达搜索目标。RC-135V/W在远离威胁的安全地带盘旋，对EA-6B的干扰效果进行验证。参与作战的EA-6B分为岸基和舰载两种，从美国驻意大利阿维亚诺空军基地起飞的岸基EA-6B由于飞行距离远，需要携带副油箱，所以不携带反辐射导弹，通常与携带有"哈姆"反辐射导弹的F-16CJ编队协同作战，负责向美国空军的战机提供干扰支援。从"罗斯福"航空母舰上起飞的EA-6B携带有反辐射导弹，负责对舰载F-14和F/A-18提供支援。美国空军的F-16CJ以及英国空军的12架"狂风"CR.1攻击机和26架德国、意大利空军的"狂风"ECR飞机一起对塞族防空系统进行反辐射打击。

战争一开始，美军利用强大的干扰和反辐射攻击能力，有效抑制了塞族防空力量的应用。在交战的第一个晚上，塞族只发射了少量地空导弹。第二天夜间，塞族武装也只发射了不超过10枚的SA-6导弹，都没有命中目标。不过，塞族采用了灵活有效的防空战术，较好地保存了实力。这导致在"联盟力量"行动后期，塞族仍能频繁发射地空导弹，其中好几个晚上都是几十枚导弹齐射，迫使盟军飞行员不得不投弃油箱、投放箔条并迅速机动以躲避来袭导弹。

到空袭第4夜，在位于贝尔格莱德西北45千米处的布达诺维兹附近山区上空，美国空军一架F-117隐身飞机被塞族武装的SA-3地空导弹击落。这是隐身战斗机问世以来首次被击落，引起了广泛关注。从事后分析看，F-117被击落是多种偶然因素叠加的结

F-16CJ可携带AGM-88高速反辐射导弹、AIM-9M"响尾蛇"和AIM-120空空导弹

电子战飞机： 在天空飞翔，在电磁空间战斗

果。其中包括F-117自身的原因，比如在狭窄的空域转弯从而增大了雷达截面积，增加了被探测的概率，以及连续4个晚上飞行同样的路线，行踪可能被预测，不过另一方面也暴露了美军电子战防护不力。

首先，苏联的老式雷达，如P-12和P-18（"匙架"），为塞尔维亚防空部队提供了可用VHF频段探测隐身目标的能力，从理论上讲是能够探测到F-117存在的，而RC-135V/W"联合铆钉"飞机未能发现被认为击落了F-117的SA-3导弹阵地，至少有3部雷达应该被压制但

1999年3月24日，美国F-117"夜鹰"从意大利阿维亚诺空军基地起飞执行任务

没有被压制。

其次，携带了反辐射导弹并在附近空域飞行的 F-16CJ 也可确定 SA-3 地空导弹位置并对其实施压制或摧毁，但在 F-117 被击落前这些飞机被召回。

最后，负责提供干扰支援的 EA-6B 可以为 F-117A 飞机进出战区提供掩护，但当时它离 F-117A 飞机约 126~158 千米，距离过远，导致干扰效果不佳。

F-117 隐身飞机被 SA-3 导弹击落，轰动了全世界，也使美军切实认识到必须为隐身飞机提供干扰和防空压制支援。

在科索沃战争 78 天的空袭作战中，北约空军总共执行了 3 万次左右的任务，在 1.3 万次的攻击作战中，约有 4500 次属于对敌防空压制任务，美国空军 F-16CJ "野鼬鼠"飞机共发射 450 枚"哈姆"导弹，其中压制地空导弹系统雷达的占 85%（41% 为压制 SA-3 地空导弹，44% 为压制 SA-6 地空导弹）；压制 AN/TPS63 等 7 型防空情报雷达的占 15%，加上 EA-6B 发射的"哈姆"导弹，美军共发射了至少 743 枚反辐射导弹。不过，据美军统计，南联盟防空部队的 25 个 SA-6 机动导弹营、41 部雷达中只有 3 个营和 10 部雷达被摧毁。

科索沃战争中，北约的防空压制还有两个"秘闻"。一是美军首次与采用超低旁瓣天线的监视雷达进行了交手。不过它并不是苏联或俄罗斯的系统，而是 20 世纪 80 年代出口到南斯拉夫的美制 AN/TPS-70 雷达。二是，战前塞尔维亚已经计划采购俄罗斯 S-300 防空系统并在俄罗斯进行了培训，但到战争爆发时还没能装备这种先进的系统，这也让全世界失去了一次见证最尖端防空系统与最强大防空压制力量之间的较量。

科索沃战争是北约对一个主权国家的悍然入侵，也欠下中国人民的血债。在电子战领域，这场战争再次突显了对敌防空压制的重要性。战争之后，美国空军强化了其防空压制机群，配置了更多的F-16CJ飞机并大力开发新的对防空系统的定位能力。美国海军在研制新型反辐射导弹上也更加积极，同时加快推进EA-18G电子战飞机的研发。

防空与压制，隐身与干扰，交锋将继续。

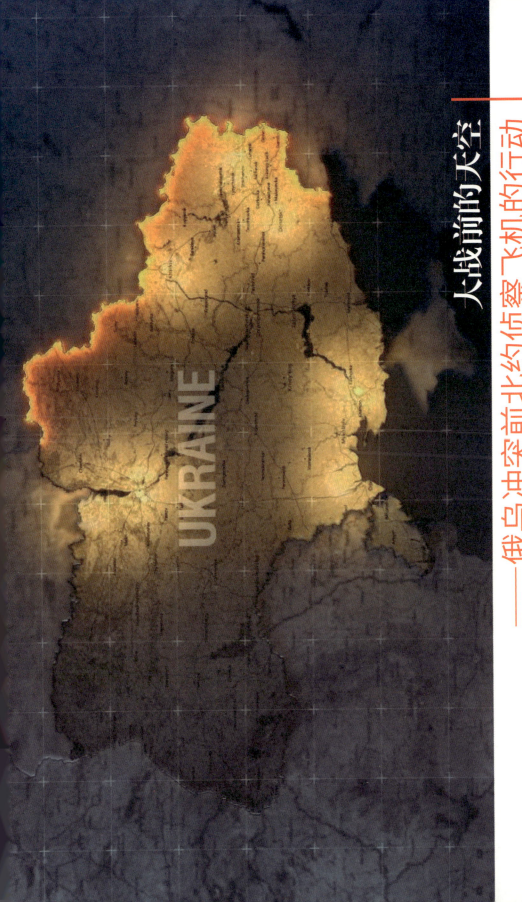

大战前的天空

——俄乌冲突前北约侦察飞机的行动

电子战飞机：在天空飞翔，在电磁空间战斗

2022年2月24日，俄罗斯对乌克兰发动特别军事行动。这是进入21世纪以来爆发的最大规模的军事冲突，将对世界格局产生深刻影响。俄乌冲突，直接表现为俄罗斯与乌克兰之间的军事斗争，而在电磁空间，俄罗斯与乌克兰及其背后以美国为首的西方力量展开了激烈的交锋，并首先体现在情报、侦察和监视（ISR）领域。

从2022年初开始，西方在东欧地区的情报、监视和侦察活动明显增加，派出了多型侦察飞机飞越乌克兰上空并沿着乌克兰与俄罗斯及白俄罗斯的边境飞行，对俄罗斯在乌克兰周边的兵力部署进行密集侦察，搜集了大量有关俄罗斯兵力态势的情报，并发出了战争预警。

尽管侦察卫星在掌握俄罗斯部队集结上发挥着重要作用，但侦察飞机在侦察地面部队机动上具备显著优势。西方对俄军的大部分情报都是通过各型侦察飞机获取的。同时各型侦察飞机具有不同类型的传感器，传感器的多样性使情报分析人员能够对情报进行交叉比对，即使俄军采用了伪装或者隐蔽，也能得到较为准确的信息。

开源的飞行数据显示，2月9日~16日，美国等北约国家以及瑞典的ISR飞机出动架次均达到了十几次，并在2月10日达到顶峰，当天西方ISR飞机飞行了至少22个架次，出动的飞机包括美国海军P-8A反潜巡逻机、美国陆军RC-12X和"阿耳忒弥斯"侦察机、美国空军RQ-4"全球鹰"无人机、英国皇家空军P-8A和RC-135W等。

17日，北约出动了至少9架ISR飞机，包括美国海军的2架P-8A、美国空军的2架RQ-4和1架RC-135U、美国陆军1架"阿尔忒弥斯"侦察机、英国皇家空军的2架RC-135W以及瑞典的1架S102B。

在俄罗斯军事行动的前几天，美国和英国的RC-135V/W"联合铆钉"每天都在该区域上空飞行，同时法国的C-160G"加百利"和美国海军EP-3E"白羊座"也实施了密集的电子情报侦察。

2月21日，俄罗斯宣布承认顿涅茨克人民共和国和卢甘斯克人民共和国独立。23日，俄罗斯联邦委员会批准俄总统在俄境外动用联邦武装力量。乌克兰局势继续恶化，美军也不断加强空中侦察，期间，RQ-4无人机长时间连续在乌克兰上空飞行，有时甚至超过20小时，而北约方面最后一架飞离乌克兰空域的飞机也是"全球鹰"无人机。

2月24日，俄罗斯向乌克兰发动进攻。在攻击发生后几分钟内，北约侦察飞机就向美国军事指挥部和北约总部提供了俄罗斯进攻的情报，西方国家也很快就发出了加强乌克兰周围监视行动的命令，主要目的是对俄罗斯任何可能对北约的攻击提供预警，其次是提供情报帮助乌克兰防御俄罗斯的进攻，并尽可能搜集俄罗斯新型武器的应用情况。

24日当天，西方的空中侦察飞行非常密集。

02：29，美国空军序号为09-2039的RQ-4B"全球鹰"高空长航时侦察无人机在乌克兰空域飞行了2个小时。

02：30，俄乌军队在克里米亚的边境上爆发激烈战斗。

02：50，俄罗斯总统普京宣布授权俄罗斯军队在乌克兰开展特别军事行动。

05：41，美国空军一架 RC-135W 电子侦察飞机（序号 62-4130，呼号 JAKE 11）从英国米尔登霍尔空军基地起飞并向东飞越波兰空域，沿波兰与乌克兰的东部边境搜集俄罗斯的实时作战情报。

08：30，美国空军一架 E-8C"联合星"（序号 95-0121，呼号 REDEYE06）从德国拉姆施泰因空军基地起飞，前往北约东侧执行跟踪俄罗斯地面部队的任务。

08：58，北约的 E-3A 预警机执行飞行任务。北约整天都保持有至少一架 E-3A 对乌克兰空域进行监视，以监视俄罗斯的空中活动情况。

09：15，瑞典空军的 S100D 预警机和 S102B 信号情报飞机在波罗的海上空执行任务，以监视俄罗斯在该区域的行动。

11：13，英国皇家空军一架 RC-135W（序号 ZZ665，呼号 RRR7216）出现在欧洲东翼上空搜集情报。

北约监视飞机在交战区域的飞行轨迹主要有四条。从北往南，第一条是在波罗的海地区，监视俄罗斯在加里宁格勒飞地的军队。第二条是在波兰与白俄罗斯边境附近，监视部署在白俄罗斯的俄罗斯军队。第三条在罗马尼亚上空，大量 ISR 飞机在那里对乌克兰内地和黑海的北半部进行监视。第四条路线在黑海南半部，负责监视克里米亚和具有重要战略意义的顿巴斯地区。

在东欧上空飞行的西方 ISR 飞机

飞机	操作方	传感器
C-160G"加百利"	法国空军	电子情报
"阿尔忒弥斯"（ARTEMIS）	美国陆军	地面动目标指示器/合成孔径雷达
E-3A/F"哨兵"	北约	机载预警与控制
E-8C"联合星"	美国空军	地面动目标指示器/合成孔径雷达

续表

飞机	操作方	传感器
EP-3E"白羊座Ⅱ"	美国海军	信号情报
P-8A"海神"	美国海军/英国皇家空军	水面监视雷达/电子支援措施
RC-12X"护栏"	美国陆军	信号情报
RC-135V/W"联合铆钉"	美国空军/英国皇家空军	信号情报
RQ-4B"全球鹰"	美国空军	信号情报/地面动目标指示器/合成孔径雷达
RQ-4D"凤凰"	北约	信号情报/地面动目标指示器/合成孔径雷达
S 102B Korpen	瑞典空军	信号情报
U-2S"龙夫人"	美国空军	信号情报/地面动目标指示器/合成孔径雷达

其中美英信号情报飞机在电子情报侦察和通信情报侦察上发挥了重要作用。

美国空军以及英国皇家空军的RC-135V/W"联合铆钉"电子侦察飞机可以构建俄军的电子战斗序列，包括俄军雷达、通信节点、电子战系统等辐射源的位置和类型，通过目标的辐射特性对其行为进行评估，还能够监听俄方通信，通过机上分析人员和语言专家的实时处理，提升对时敏信息的处理速度。

EP-3E"白羊座"Ⅱ能够搜集实时战术信号情报，包括截获通信、对辐射源进行定位和分类等。EP-3E在黑海上空飞行能够对在该水域航行的俄罗斯海军舰艇进行监视，还能够监视俄罗斯在克里米亚的军事行动。

P-8A"海神" P-8A是美国海军和英国皇家空军装备的一款多用途

RC-135V/W "联合铆钉"

EP-3E "白羊座" II

海上飞机，配备有可全天候工作的全动态摄像头和雷达，此外，配有强大的电子情报套件，可以对敌方辐射源进行探测、定位和分类。4月14日，俄罗斯海军黑海舰队旗舰"莫斯科"号导弹巡洋舰被乌克兰导弹击中，起火沉没。据报道，在袭击发生时，美军一架P-8A距离"莫斯科号"不到53海里。

RC-12X"护栏"配备了信号情报设备，能够发现和监听俄方通信。RC-12X的任务时除了关注乌克兰外，还对俄罗斯加里宁格勒进行监视。

"阿尔忒弥斯"（ARTEMIS）侦察机具备对地监视和地面动目标指

RC-12X"护栏"

示功能。其飞行路线靠近加里宁格勒、白俄罗斯和乌克兰的边境，还从罗马尼亚的米哈伊尔起飞，在黑海靠近克里米亚的区域飞行。

俄乌冲突爆发以来，西方盟国空中力量对俄罗斯部队及活动进行了近 7×24 小时的不间断的侦察监视，这是北约近年来从未有过的大规模行动。

"阿尔忒弥斯"侦察机

参考文献

[1] STREETLY M. Jane's electronic mission aircraft (issue twenty-two) [J]. Jane's Information Group Limited, 2008.

[2] STREETLY M. The world's SIGINT aircraft [J]. The Journal of Electronic Defense, 2011, 34 (6): 30-41.

[3] STREETLY M. 50 Years of Airborne SIGINT [J]. The Journal of Electronic Defense, 2014, 37 (6): 22-32.

[4] Boeing EA-18G growler [EB/OL]. (2021-12-01) [2022-01-12]. https://en.wikipedia.org/wiki/Boeing_EA-18G_Growler.

[5] LEONE D. EA-18G with F-22 Kill Mark [EB/OL]. (2019-3-19) [2021-01-21]. https://theaviationgeekclub.com/ea-18g-with-f-22-kill-mark-what-is-the-effectiveness-of-growlers-jamming-system-against-f-22-and-f-35-stealth-fighters/.

[6] HAYSTEAD J. US Navy's HAVOC hones AEA expertise [J]. The Journal of Electromagnetic Dominance, 2021, 44 (1): 18-25.

[7] HAYSTEAD J. Learning to Growl-Training for the AEA mission [J]. The Journal of Electromagnetic Dominance, 2021, 44 (7): 18-23.

[8] AYTON M. EA-18G Jamming or Deception [J]. Air International, 2017 (9): 38-45.

[9] MCLAUGHLIN A. Broad spectrum [J]. Australian Defence Business Review, 2018 (05-06): 22-27.

[10] WITHINGTON T. Signalling change [J]. Digital Battlespace. 2013 (1/2): 26-27.

[11] United States Government Accountability Office. Option of upgrading additional EA-6Bs could reduce risk in development of EA-18G[R/OL]. (2006). https://www.gao.gov/assets/gao-06-446.pdf.

[12] MORGAN R. Honoring the prowler[J]. The Journal of Electronic Defense, 2015, 38(4): 26-34.

[13] HUNTER J. The EA-18G growler has its own topgun school for electronic attack instead of dogfighting[EB/OL]. (2020-11-27)[2021-01-22]. https://www.thedrive.com/the-war-zone/37053/the-ea-18g-growler-has-its-own-topgun-school-for-electronic-attack-instead-of-dogfighting.

[14] MORGAN R. Semper prowler[J]. The Journal of Electronic Defense, 2019, 42(4): 24-30.

[15] KNOWLES J. Jamming down under[J]. The Journal of Electronic Defense, 2015, 38(12): 58-66.

[16] SCHARENBORG M. Prowler sundown[J]. Airforces Monthly, 2016(3): 50-54.

[17] MORGAN R. Honoring the prowler a history of the Grumman EA-6B[J]. The Journal of Electronic Defense, 2015, 38(4): 26-31.

[18] WITHINGTON T. Ears in the sky[J]. Air Forces Monthly, 2021(11): 86-91.

[19] ARCHER B. 60 and special[J]. Combat Aircraft, 2022(7): 46-54.

[20] KNOWLES J. Inside the new Rivet Joint[J]. The Journal of Electronic Defense, 2006, 29(11): 36-42.

[21] ALLISON G. A guide to the UK's RC-135 Rivet Joint surveillance aircraft[EB/OL]. UK Defennce Journal. (2018-1-27)[2022-1-6]. https://ukdefencejournal.org.uk/guide-rc-135-rivet-joint/.

[22] CARRARA D. RAF Rivet Joints: Out of the shadows[J]. Aviation News, 2020(4): 16-18.

[23] GOODMAN G. Rivet Joint—Connecting to the fighting[J]. The Journal of Electronic Defense, 2007, 30(9): 32-39.

[24] WRIGHT K. The Cobra's Stare: USAF RC-135 missile tracking missions[J].

Aviation News, 2020 (2): 42-47.

[25] US Air Force. EC-130J Commando Solo [EB/OL]. https://www.af.mil/About-Us/Fact-Sheets/Display/Article/104535/ec-130j-commando-solo/EC-130J Commando Solo.

[26] D CENCIOTTI D. EC-130J psychological warfare aircraft performs final broadcast [EB/OL]. (2022-9-19) [2021-2-2]. https://theaviationist.com/2022/09/19/ec-130j-final-broadcast/.

[27] HAYSTEAD J. EC-37B Compass call: US air force prepares new compass call platform and system [J]. The Journal of Electromagnetic Dominance, 2023, 46 (2): 18-22.

[28] DYNAMICS G. Grumman EF-111A Raven [EB/OL]. (2021-11-01) [2021-11-02]. https://en.wikipedia.org/wiki/General_Dynamics-Grumman_EF-111A_Raven.

[29] From Ravens to prowlers [J]. Air Force Magazine, 1998 (8): 76-81.

[30] WITHINGTON T. Wild Weasels [EB/OL]. (2021-2-21) [2021-12-1]. https://adbr.com.au/wild-weasels/.

[31] CENCIOTTI D. Italian Wild Weasels [J]. Combat Aircraft, 2022 (7): 78-85.

[32] WITHINGTON T. Mind the gap [EB/OL]. Armada International. (2021-11-4) [2022-3-4]. https://www.armadainternational.com/2021/11/french-air-force-elint/.

[33] HAMPTON D. The Weasels at war [EB/OL]. (1991-7-1) [2022-1-4]. https://www.airandspaceforces.com/article/0791weasels/.

[34] F-4G Advanced Wild Weasel [EB/OL]. (1999-3-21) [2022-5-8]. https://man.fas.org/dod-101/sys/ac/f-4.htm.

[35] KOPP C. F-4G anatomy of a Wild Weasel [EB/OL]. (2014-1-27) [2022-8-5]. https://www.ausairpower.net/TE-Weasel.html.

[36] DAVIES P E. F-111 & EF-111 Units in Combat [M]. Combat Aircraft, 2014.

[37] EP-3E Collision: Cryptologic damage assessment and incident review (final report) [R]. EP-3E Cryptologic Assessment Team, 2001, 8.

[38] DORR R F. Desert storm was the first and last war for the F-4G Advanced

Wild Weasel [EB/OL]. (2011-01-16) [2022-9-5]. https://www.defensemedianetwork.com/stories/gulf-war-20th-desert-storm-was-the-first-and-last-war-for-the-f-4g-advanced-wild-weasel/.

[39] LAMBETH B S. Nato's AirWar for Kosovo-A Strategic and Operational Assessment [R]. RAND Report, 2001.

[40] RIPLEY T. Watching Russion, Watching US [J]. Air Forces Monthly, 2017 (6): 37-42.

[41] RIPLEY T. Watching the war [J]. Air Forces Monthly, 2022 (7): 39-42.

[42] TAGHVAEE B. The ears of Chkalovsky Russia's IL-20M SpyPlanes [EB/OL]. (2018-10-25) [2022-2-8]. https://www.key.aero/article/ears-chkalovsky-russias-il-20m-spy-planes.

[43] VALPOLINI P. The Eurofighter ECR and the luftwaffe electronic attack concept [EB/OL]. (2019-11-16) [2022-1-3]. https://www.edrmagazine.eu/the-eurofighter-ecr-and-the-luftwaffe-electronic-attack-concept.